国策企業ガスプロムの行方

酒井明司 著

EURASIA LIBRARY

ユーラシア文庫
14

目次

国策企業ガスプロムの行方

はじめに

二〇〇七年に前著となるユーラシア・ブックレット『ガスプロム』（東洋書店）を上梓してから十年以上を経ました。その間に生じた新たなでき事を眺めながら、ガスプロムという企業がロシアの中でどのような立場に置かれ、これからどこへ進もうとしているのか、そして自ら意図するように進むことができるのかについて、改訂版となる本書で改めて考えてみようと思います。

ガスプロムという企業を取り上げる理由は、同社が売上規模最大の企業でロシア経済の顔のような存在だから、というだけではありません。まずは、同社も生産するガスが、エネルギー資源の中でその地位を高めてきている点に目が向きます。世界で地球温暖化と環境問題が広く議論され、二酸化炭素の排出抑制が大きな課題になっています。この課題を受けて、限りなく百パーセントに近い代替可能エネルギーの使用を目指すことになりますが、それが実現するまでの間は、次善の策として比較的その排出が少ないガス（同じ熱量なら石炭の半分強ほど）の需要が増加するものと予測されます。需要の増加に伴って世界各地でのＬＮＧ（液化天然ガス）の生産が拡大すれば、ガスやエネルギー資源市場全体の構造や動きもこれからかなり変わっていくでしょう。そうなると、一大ガス生産国であるロシアの動きが、世界のガスの供給や価格に影響を与える局面も出てきますから、ガス需要のほぼ全てを輸入に頼る日本にとっても、その動きから目が離せないことになります。

次に、ガスプロムとロシア政府との関係が挙げられます。ロシア政府は直接・間接の形でガスプロムの株式の過半を所有しており、ロシアのメディアでは「国家企業」と呼ばれています。そのため、同社の動きにはロシアの大統領や政府の経済・外交・国土開発での政策判断が反映されている部分もあると解されています。内外の観察者はそれを当然のこととして、同社を通じてロシアがどう動こうとしているのかを知るべく追っているわけです。

ロシアは係争地域を除けば、陸上で国境を接している国が十四もあります。それらの国々との経済関係では、ガス・パイプラインでの繋がりが大きな意味を持つことがしばしばあります。それが発展して、この繋がりがロシアと当該国との外交関係にも影響を及ぼしたり、逆に外交政策からガスの取引が影響を受けたりもします。国内の東半分（東シベリアと極東）を主な対象とした新たな国土開発では、その牽引役の一社としても登場して日本との関係も生まれています。

そして、プーチン大統領とガスプロムの関係を通じて、彼が持つガスとその市場への見方も窺えます。ガスプロムが担うガスの輸出とそれを支える生産の増強はロシアの国策の一つといえます。その国策を牽引してきたのは今のプーチン大統領でした。そのガスプロムへの姿勢を見ることで、彼がガスを通じてロシア経済をどう成長させようとしたのか、また昨今のガスの世界市場の変化にどう対処していこうとしているのかの一端も見えてきます。ガスプロムがプーチン大統領の政策やロシア経済全体に影響を与えてきた中で、彼の同社への対応やその変化が彼自身の世界市場・世界経済に対する感度を示唆しているといえるでしょう。

本書では必要に応じて前著に書いた部分を繰り返しますが、基本的には二〇〇八年から今日までの変化を主に追います。その始まりとなる二〇〇八年といえばリーマンショックが発生した年で、世界経済は大きく揺さぶられました。十年以上経ても、まだその後遺症が残っているとすら言われます。ロシアもその例外ではありません。それまでエネルギーを始めとする資源産業の牽引で高成長を実現してきたロシアも、二〇〇九年には一挙に大幅なマイナス成長に突き落とされました。それ以来、ロシア経済はまだ二〇〇八年以前の成長の勢いを取り戻すことができていません。

二〇〇八年までにプーチン大統領が達成したのは、ソ連から引き継いだ経済のいわば修復作業でした。しかし、その経済をさらに世界市場の中で最適な形にしていくという課題はまだ達成されたとはいえません。そして、ガスプロムがこの間にたどってきた道も、どことなくこのロシア全体の雰囲気を象徴しているかのようでもあります。

現状では順風満帆と言い切れないガスプロムとロシア経済なのですが、これらが将来に向けてどう変わっていくのか、本書の最後で占ってみたいと思います。

1　ガスプロムとは?

ガスプロムのこれまで

ガスプロムはソ連時代末期の一九八九年に、当時まで存在したソ連邦ガス工業省そのものが政府所有の「コンツェルン」という組織形態へ改組されることで誕生しました。これは、ガスの生産分野を産業として一本立ちさせるための方策だったようです。それまでの社会主義体制の枠を緩めて自由化に向かうという雰囲気の中で、目立っては見えなかったものの、省の形のままでは経営面で色々不都合が生じていたのでしょう。

「ガスプロム」という名前もその時に採用されました。ロシア語で「プロム」とは「工業」とか「産業」を意味しますから、敢えて訳せば「ガス工業」となり、ガス工業省の名前をそのまま新組織に移し替えたともいえます。

その省から引き継いだビジネスとは、ロシア（一九九一年末まではソ連）国内でのガス田の開発と生産、国内基幹ガス・パイプラインの操業と、それにより輸送されるガスの国内

会長	V.A.ズブコフ
社長	A.B.ミレル
資本金	3252億ルーブル（約5 7 30億円）
従業員	46.6万人（関連子会社を含む）（50才以上が1/4、女性が3割）
2018年連結売上高	8兆2242億ルーブル（約14兆4880億円）
売上高内訳	ガスの生産・輸送・販売＝58％、石油関連＝35％、電力＝6％
税引後利益	1兆5290億ルーブル（約2兆6940億円）
諸納税額	3兆2410億ルーブル（約5兆 7 000億円）
2018年生産	ガス 498 7 億m^3 (ロシア全体の69％) 原油及びコンデンセート 6420万トン（ロシア全体の11.6％） 電力 1515億kWh（ロシア全体の14％）

表1　ガスプロムのプロフィール（2018年ガスプロム決算書から）

供給でした。発足の約二年後にソ連崩壊がやってきますが、その直前にパイプラインの建設やガスの輸出という大きな分野の仕事を他省の管轄から引き取っています。そして、ソ連崩壊から二十年ほどの間には、本業のガスに加えて石油や電力など他の様々なビジネス分野にも乗り出すことで今の姿が形作られてきました。一九九三年に「コンツェルン」から株式会社に改組され、その後民営化の流れに乗って株式の公開も行われました。現在はロシア政府が50・23パーセントを保有する国有企業です。

ガスプロムの連結決算報告から見た二〇一八年の業績は表1の通りです。売上の四割をガス以外の部門で得ていますから、ガスだけに関わる企業とはもはや言えなくなっています。そのガスの生産ではまだロシアで一強の地位は保っているものの、国内シェアは七割を切り、完全な独占者ではありません。しかし、国内でのガスの供給義務を負う見返りに、国内基幹ガス・パイプラインの所有と操業、それにパイプラインでのガスの輸出については法的に独占が認められています。

ロシアで定評のある経済誌『エクスペルト』が毎年一回、ロシア企業の番付表（前年度の売上高上位四百社）を発表しています。図1は『エクスペルト』誌に従って作成した二〇〇〇〜二〇一七年のロシア企業上位十社の売上高推移です。これを見ると、ガスプロムは

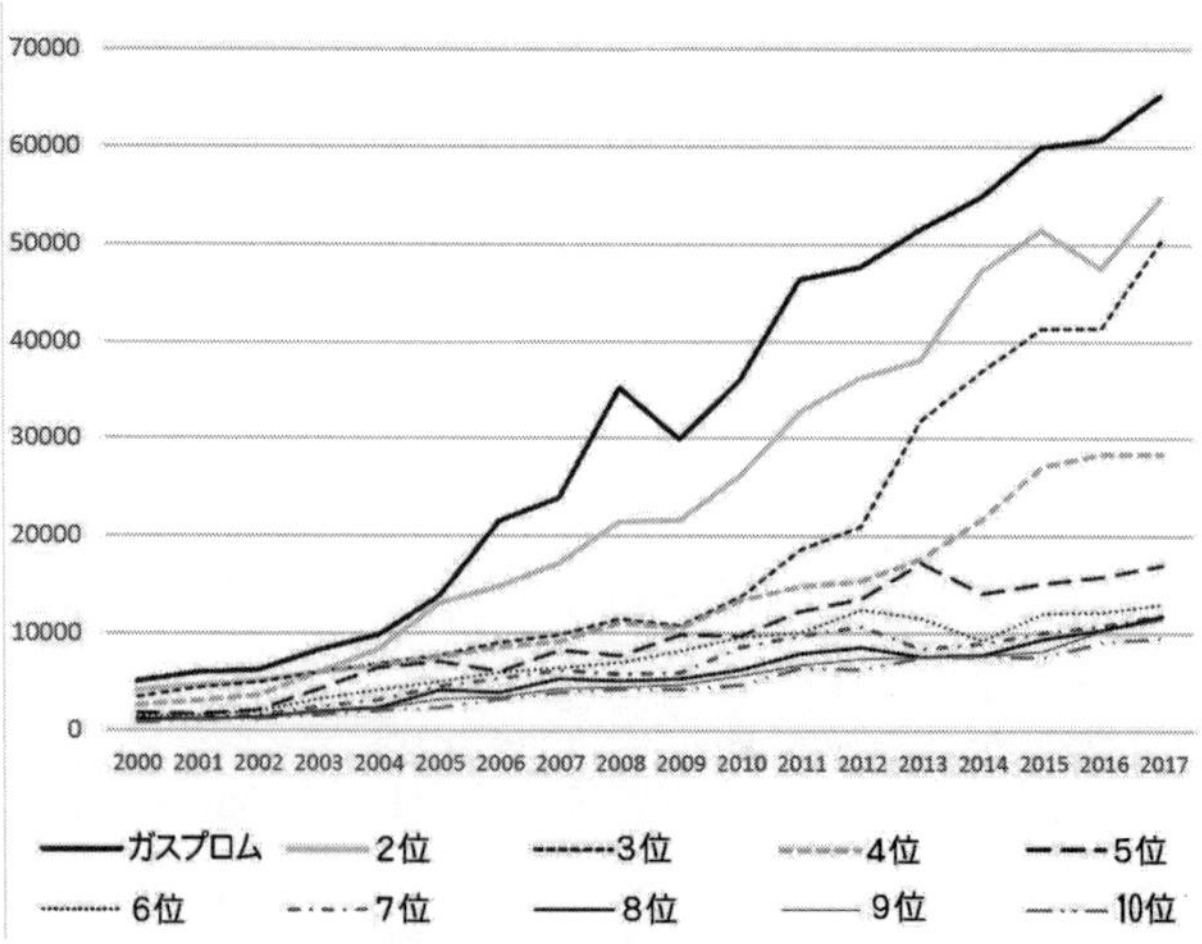

図1 ロシア企業売上げ高上位10社（億ルーブル）

この指標で二〇〇〇年から二〇一七年までは常にロシア企業のトップの地位を占めてきたことが分かります。

しかし、ロシアでは売上一番でも、ガスプロムを世界の大手企業との比較で見ると、それほどたいした巨人には見えてきません。米フォーチューン社による世界企業売上ランキングでは、二〇一八年実績でガスプロムは42位に過ぎないのです（そのランキングに近いポジションでは、34位に本田技研工業、52位に日本郵政がそれぞれ入っています）。ガスプロムの同年売上額（このランキングでは約1313億ドル／14兆5000億円）は、1位のウォールマート（米）の四分の一、業種の近い中国のシノペック（中国石油化工集団公司、2位）や英蘭企業のロイヤルダッチシェル（3位）、CNPC（中国石油天然気集団公司、4位）の三分の一の規模でしかありません。

二〇一四年に大幅な通貨下落を経験したために、ルーブルから米ドル換算での数値が多分に過小評価されている面はあるものの（二〇一八年年間平均で1ドル＝62・5ルーブル）、通貨下落前に最大の売上を示した二〇一三年の実績（1ドル＝31・9ルーブル）でも世界第21位に止まっていました。こうした数字には、何となく今の世界経済の中に置かれたロシアの地位に似たようなものが感じられます。

プーチンとガスプロム

二〇〇八年まで

ガスプロムとプーチン大統領との繋がりは、彼が初めて大統領になった二〇〇〇年に遡ります。二〇〇八年までのガスプロムとそれを取り巻く状況は、簡単にさらうと以下のようなものでした――

・一九九〇年代の新生ロシアでは、崩壊したソ連から新たな経済体制への移行が、なかなか円滑には進みません。ガスプロムもその経営のあり方などで様々な問題を抱えていました。

・しかし、二〇〇〇年にプーチン大統領が登場すると、ガスプロムを始めとする資源産業を基盤としながらロシア経済の立て直しに向かいました。

・二〇〇三年頃から目立ち始めた原油価格の上昇にも支えられて、企業としての問題を多々残しはしたものの、ガスプロムは収益を拡大していきます。そして、欧州向けのガス輸出拡大を図るために、新たなパイプライン建設にも乗り出していきます。
・また、多岐に亘る異業種参入も果たして、ロシア最大の企業の地位を固めました。しかし、二〇〇八年までのロシアの経済成長の中では、ガスが足りるのかという懸念を伴ってガスプロムの投資政策に対して様々な問題提起が出されるようになっていきます。

二十世紀最後の年に大統領になったプーチンの前には、惨憺たるロシア経済の実情を示す数字が並んでいました。一九九一～一九九八年で見ると、マイナス成長の連続の果てに何とか一九九七年に僅かながらプラス成長へはい上がったものの、翌年の金融危機でまたもや大幅なマイナスに突き落とされる、といった具合です。プーチンが首相職を任された一九九九年に成長率は回復したものの、その先がどうなるかは誰にも見通せません。積み上がった国内外の債務や崩壊同然の国家財政、それに通貨とロシア経済そのものへの内外の不信感、といった具合で、まさにどこから手を付ければ良いのかの状態でした。

こうなるとプーチンであろうが誰であろうが、残された手は一つだけです。数少ない頼れる産業部門を中心に当面の活路を切り開いていくしかありません。売れるもの、それも外貨が稼げるものを持っている部門が真っ先です。その頼れる部門とは、輸出インフラが一応整っている石油とガスでした。そして、石油・ガス部門が稼ぎ出す収入（その多くが外貨建）を、どう政府の政策（徴税・分配・国内投資）に沿った使い方に向かわせて国全体の経済の立て直しに役立たせるか、という課題に挑戦していきます。一九九九年で原油の輸出額は142億ドル、ガスの輸出額は102億ドルでした。輸出額全体が743億ドルでしたから、双方合わせてその三分の一を占めていたことになります。ちなみに、その年の日本の輸出額は世界第3位の4194億ドルで、当時のロシアの輸出力はその六分の一強程度（世界第20位）でしかありませんでした。

しかし、最大の稼ぎ頭である石油分野は、既に分割民営化の結果で十社近くの大手企業に分かれ、その多くが政府の手を離れていました。国家政策が直接伝わる可能性のある国営企業は、業界で下位を低迷していたロスネフチくらいしかありませんでしたから、プーチンにできることは、法を遵守して税を納めろ、政治には口を出すな、という石油企業幹部との一種の紳士協定の合意に限られました。この石油分野への国家の影響力浸透は、政府の課税政策に反対する勢力を力づくで一掃した数年後からの話になります。

一方のガスでは、国が資本の半分を保有するガスプロムというロシア最大の企業一社によってガスの生産の大部分（一九九九年ではロシア全体の92パーセント）とその輸出の全てが行われていました。ですから、石油分野に比べれば、政府の方針を実現させる上で遥かにやり易くなります。まずはこのガスプロムを国の経済政策の基幹に据えようという発想は、ごく自然の流れだったともいえます。大統領就任からちょうど一年後にプーチンは、それまでのガスプロム経営陣を一掃して代わりに自分の指示に従順な面々を登用しました。新たな経営陣の下でのガスプロムが、本業であるガスの生産・輸送・販売での体制をソ連時代並に安定させ、そこから量的拡大を図ろうとした時代が二〇〇八年あたりまでということになります。

プーチンの経済政策は走り始めました。そして多くの論者が指摘するように、国際原油価格の上昇という強い追い風を受けて、二〇〇八年までは石油やガスに経済回復の先導役を担わせたプーチンの策は当たりました。新たな税制の下で国家歳入の柱となる納税をこれらの部門に課し、国内での設備投資へも精力的に向かわせることで、ソ連から引き継いだ経済全体の修復作業はかなりの実績を挙げていきます。一方で資源産業に稼がせるとともに、他方でその稼ぎを国家が再配分したり非常時に備えた貯蓄に回したりで腕を振るったのは、プーチンの下に集められた市場経済主義者たちでした。

ロシア経済と言えば、国家が大幅に介入するのが当たり前の国家資本主義と見なされがちです。強権プーチン、と西側のメディアが繰り返し書き、二〇〇四年以降の経済政策の中で再国営化の傾向が強まったこともあってか、プーチンは統制経済主義者だという見方が多いようです。確かに、主に機械工業などを対象として商工省が管轄する産業政策では、国内外での保護主義的な性格が表れています。また、二〇〇八年のリーマンショックで受けた経済への打撃とそこからの回復作業、そして対露経済制裁への対抗措置が優先される中にあって、最近では市場経済に向かう積極的な方策はあまり目立たなくなってきています。

けれども意外に思われるかも知れませんが、二〇〇〇年に始まるプーチンの経済政策の主要な部分を担う政府要人は、これまで一貫して市場経済派の人達でした。経済政策の要となる金融・財政政策では、明らかに彼らによる市場経済型の政策センスが基本になっています。経済政策を担うロシアの経済発展省と財務省、それに中央銀行は市場経済派の牙城となり、二〇〇〇年以降の二度の経済危機にも拘わらず、強硬な為替管理には踏み込まず、また財源確保のための国債乱発を防いできました。現中央銀行総裁のE・ナビウリーナ（就任の二〇一三年当時はG8初の女性中銀総裁）は二〇一五年に西側の一流金融誌から「世界最良の中銀総裁」に選ばれたほどです。プーチンが本当に統制論者なら、こうした人々を過去二十年ほどの間に切り捨てていてもおかしくはないはずですが、これまでにそのようなケースはほとんど見られません。

ロシアの経済政策は、こうした市場経済主義を基調として、そこに国内産業保護を押し込もうとする産業政策派との微妙なバランスをプーチンが「手作業」で保つ中で進められている、ということになるでしょう。

二〇〇八年から今日まで

二〇〇八年から今日までの間にロシア経済へ大きく影響を与えた出来事といえば、リーマンショックやウクライナ問題深刻化に伴う二度の原油価格下落と、やはりウクライナ問題に端を発した西側諸国の対露経済制裁の始まりということになるでしょう。これらが理由となってロシア経済は低迷期に入ります。その中で、プーチンとともにあるガスプロムという二〇〇八年までの構図も次のように徐々に変わっていきました――
・売上高でロシア最大の企業の地位を保ってはいるものの、ガスプロムの企業時価総額ではすでに他のロシア企業に追い抜かれ、またガスの生産でもロシア全体に占めるその割合を大きく下げていきました。もはや同社一社がロシア経済の旗艦であるとは言えなくなりつつあります。また同社の独占（パイプラインによるガスの国内での輸送や輸出）に対しても、ガスの生産を拡大する他のロシア企業からの批判を強く浴びるようになってきています。
・最大の稼ぎ頭である欧州向けの輸出では、EUの域内市場自由化政策とLNG取引の増加や、二〇一四年に発生したウクライナ・クリミヤ問題に伴う欧州側の対露警戒感拡大から、従来のガスプロムの販売方式が次第に受け入れられなくなりつつあります。
・プーチン大統領の「東進政策」に従って、アジア・太平洋地域、特に中国のガス市場への参入にガスプロムも動かざるを得なくなりました。そのための中国向け輸出パイプラインの建設に取り掛かっていますが、新たな東シベリアからのパイプラインでのガス輸出は、ガスプロムにとって、そしてロシアにとって経済性あるものなのか、不透明な部分を残しています。

・世界のガス市場では年を追うごとにＬＮＧ（液化天然ガス）が、ガスの全輸出入取引に占める割合を増やしています。特に二〇〇八年に米国でシェールガス革命が起ってからこの傾向は加速しました。しかし、ガスプロムがこの流れに追随できているのかとなると疑問多々です。ロシアからのＬＮＧ輸出では他の企業に主導権を握られつつあります。

二〇〇八年以降の状況の流れを一言で言うなら、ガスプロムの「お山の大将」の地位が揺らいできているということです。それを象徴するのが同社の企業価値を測る目安となる株式時価総額でしょう。二〇一九年でこそ配当金の大幅増額が理由でガスプロムの株価は跳ね上がったものの、それまでは株式時価総額でもはやロシア最大の企業とは言えない状態が続いていました。たとえば、二〇〇八年九月一日でのガスプロムの時価総額は５兆８０００億ルーブル（当時の換算レートで2362億ドル）で、２位（ロスネフチ、927億ドル）以下を全く寄せ付けない地位にいたのですが、それから八年後の二〇一六年にはロスネフチに追い抜かれ、さらに二〇一八年八月一日でガスプロムの時価総額３兆３６５０億ルーブル（540億ドル）は、国有商業銀行のズベルバンク（729億ドル）や、石油企業のロスネフチ（708億ドル）、ルークオイル（613億ドル）をかなり下回り、第4位へと転落しました。

元になる数字がルーブル価額ですから、ドル価額表示ではどの企業についても為替変動幅次第で評価額が大きく変わってしまいますが、追い抜いた他の三社とガスプロムが異なるのは、ルーブル建てで見ても後者の価額が下がったという点です。それだけ、国内市場での投資家の評価も厳しいものになったということなのです。これは市場が、ガスプロムに成長性・発展性が欠けていると見なした結果と解さざるを得ません。

そして、それは間接的に、巨大案件の建設コストをガスプロムに負わせている政府の経済運営のあり方や同社の経営に対する批判ということにもなります。ガスプロムの設備投資を見ると、二〇一八年で1兆6390億ルーブル（約261億ドル／約2兆8900億円）になります。これをエクソン・モービル（260億ドル）、ロイヤルダッチシェル（230億ドル）、CNPC（374億ドル）と比べると、売上高に対する比率で三社がそれぞれ9パーセント、7パーセント、11パーセントとなるのに対して、ガスプロムのそれは20パーセントです。この傾向は過去数年似たようなもので、ガスプロムは企業規模の割に過大な投資を行っているという疑いが出てきます。

過大であっても、それが将来の収益に結び付くという確証が得られればまだ救われるのですが、必ずしもそうではないのではないか、という点にアナリスト達の批判が集まります。株主の利益（株価と配当額の上昇・拡大）を求めるのがアナリストの役割となれば、増収に結び付かなかったり国土開発に引き摺られたりのパイプライン建設という像は、財務状況がおおむね健全でも大きな疑問を抱かせるのに充分です。ましてや、ガスプロムは二〇一八年で税引後利益の二倍以上の額の税を支払い、ロシアの納税企業ナンバー1の地位を競っているのですから、同社も本音では、これで勘弁してくれ、と言いたいのかも、です。

社長のミレルは就任以来すでに二十年近くを経ていますが、彼の辞任の噂が飛び交うたびにガスプロムの株価が上がるというのは、どうにもあまり褒められたものではありません。アナリストに言わせれば、それは彼がプーチンから与えられた課題に無抵抗で企業の合理性を軽視しているから、となります。その与えられた課題とは、以下の三つにまとめられるでしょう。

①ヨーロッパ向けのガス輸出での安全確保と拡大、これに伴う新たなガス田開発とさら

なる需要開拓。

② アジア・太平洋地域に向けたガスの輸出の検討・実現（新規市場開拓と東シベリア・極東地域の開発）。

③ ガスの加工（高付加価値化）やLNG分野への進出。

この中の①と②で、アナリスト達が批判的に見る巨大パイプライン建設案件が登場します。しかし、プーチンはこれらの課題を取り下げることはしないでしょう。彼にとってはそのいずれもが、ロシアのガス産業や国土の安全と発展にとって不可欠と位置付けられているだろうからです。その彼からガスプロムの仕事ぶりを見れば、①は善戦、②はやや苦戦、③は合格点には達せず、といったところでしょうか。③は、それが円滑には進んでいないことで、やはり場外からも企業としての将来性へ疑問が投げ掛けられています。この点では、アナリストとプーチンの考えは一致しているようです。もっともこれが、プーチンがガスプロムから軸足を他に移しつつあることの原因なのか結果なのかは、判断の難しいところです。

2　世界のガス市場

ガスの取引のこれまで

ガスが産業や家庭で使われるようになった歴史は、さほど長いものではありません。十八世紀後半に英国で石炭ガスが照明に使われ始め、これに続いた米国では十九世紀に石油の生産に伴って出てくる随伴ガスの利用も加わりました。十九世紀を通じて照明用が主で、二十世紀に入るとボイラー燃料としての用途が広まっていきます。しかし、石油と違って気体のガスは扱いが面倒で、輸送・販売を行うには必ずパイプラインを敷設しなければなりません。ですから、石炭や石油の時代には、ガスが石油企業のお荷物という見方すらありました。そして、その取引も当然ながらパイプラインが通じる範囲に限られます。米国では鋼管生産技術の発達のおかげで一九二〇年代から長距離パイプラインの敷設が始まったものの、まだ環境配慮が今ほど真剣に語られる時代ではありませんでしたから、多くの場合に随伴ガスは他に売られることもなく、生産現場で燃やされ捨てられていたようです。

米国でガスの需要が急速に伸び始めるのは、国内パイプライン網がかなり整備された後の一九四〇年代あたりからで、一九五〇年にはすでに年間のガス需要が今の日本の総需要よりも多い1500億立方メートルを超える水準に達していました（その頃の日本の需要は一九六五年でも18億立方メートル程度です）。

ガスが貿易の対象になったのは、石油に比べて一世紀近くも遅れた一九六〇年代でした。欧州のオランダとその隣国との間に国境を越えるパイプラインが敷設されたことに始まったといわれます。これは、随伴ガスではなく天然ガスが本格的に欧州で生産され始めた時期にも当っています。

その西欧に多少遅れて一九六〇年代後半には、ソ連がスロヴァキア（当時はチェコスロヴァキア）との間に共産圏内で初めての国際ガス・パイプラインを運開させました。一九七〇年での西欧のガス需要は764億立方メートル（旧共産圏の東欧を含めれば1085億立方メートル）で現在の七分の一程度でしたが、それまでの五年間で三倍近くに増加していましたから、かなり急速に伸びつつあったといえます。一九六九年にはソ連との関係改善を目指したドイツ（当時は西ドイツ）が、西シベリアからの新たなガス輸出を望むソ連の意向に沿って、東欧経由でのパイプラインを通じたガスの輸入に合意しました。ソ連からの欧州に向けた本格的なガスの輸出の始まりです。

ガスへ向かうこうした流れは一九七三年の石油ショックで大きく加速されました。当時の火力発電燃料として使われていた石油の価格が大きく値上がりしたために、ガスへの乗り換えが必要、と多くの国や企業が判断したからです。パイプライン・ガスだけではなく、LNGの生産も北アフリカで一九六〇年代から欧州向けに始められ、一九六九年にはアジアで日本がLNGの最初の輸入国（米国・アラスカから）となりました。それまではパイプラインの届く先に限られていたガスの販売が、海を越えた貿易の対象になってきたのです。

こうした売買取引でのガスの価格は、原油や石油製品（軽油や重油）、あるいは石炭の価格やそれらを組み合わせた合成価格指標などに連動していました。ガスを石油や石炭の代替品として扱うことで国際取引が始まったからです。そして、ガスの供給者・供給国の開発・生産・輸送での大型投資が成り立つよう、買い手が長期にわたる買い付けを保証する長期契約が取引の合理的な形と考えられていました。

その後も、欧州でのパイプライン網（特にロシアと欧州を結ぶ複数の基幹パイプライン）拡充や、二酸化炭素排出問題、それにＬＮＧでの供給拡大が相俟って、世界のガスへの需要量は一九八〇年の1兆４２００億立方メートルから二〇一八年の3兆８７００億立方メートルにまで増えています。約二・七倍です。この間に石炭の世界需要も約二・一倍に伸びていますが、その増加分の81パーセントが中国一国の需要増で占められるという特殊とも呼べる要因によるものです。石油は約30億トンから45億トンへと一・五倍の増加でしたから、ガス需要増加の速度はこれを大きく上回っていることになります。石油に換算して比較すると、一九八〇年に世界の需要全体で石油の40パーセントの規模だったガスが、二〇一八年には71パーセントにまで増加しました。かつては石油の添え物程度にしか見られていなかったガスが、石油に比肩する需要と自らの市場を形成するまでに至ってきたのです。これに伴ってガスの価格もその市場独自のものへと動き始め、二〇〇〇年代半ばあたりからは、まず米国内のガス価格が石油価格との連動から外れていきました。

二〇一八年でガスを輸入している国は大小合わせて八十カ国近くに及び、その中でＬＮＧを輸入している国の数は四二に上ります。

天然ガス

本書で「ガス」とは、特に断り書きを付けない限りガス井から採取される「天然ガス」を意味します。石油やガスを地下から採掘する際に、石油だけ、あるいはガスだけが湧き出てくるということはまずありません。天然ガスが出ればそれに伴って液体も、石油を掘ればガスも、なのです。その石油に伴って出てくるガスを随伴ガス、ガスに伴って出てくる液体をコンデンセート（軽い原油）と呼んでいます。ガスプロムが生産するのは主に天然ガスです。子会社化した石油部門で随伴ガスも生産していますが、ロシアの統計ではこの両者の生産量は区別されていません。

天然ガスは、炭化水素と呼ばれる物質の中で一番軽いメタンが圧倒的な主成分（量で大体90パーセント以上）になります。これに対して随伴ガスでは、やはりメタンが主成分ではあるものの（8割前後）、メタンより重い成分がより多く含まれます。我々の身近な例で見るなら、都市ガスは天然ガスで、LPガスは随伴ガスから取り出されたメタンより重い成分（プロパン、ブタン）が主成分です。

重いか軽いかは一分子の中に炭素がいくつ入っているかで決まります。メタンは炭素1個ですが、LPガスのプロパンは3個、ブタンは4個と言った具合です。そして、一分子の中の炭素の数が増えるほど燃えた際の熱量も増えます。同じ量であればメタンよりプロパンやブタンの発熱量が多いということで、中華料理のように一気に強火が必要な調理ではLPガスが好まれることになります。

ガス井から出てくる天然ガスも、最近では地下のどの部分から出てくるのかによっていくつかに分類されるようになってきました。従来の岩石層からのガスが在来型と呼ばれるのに対して、新たな技術で開発が可能となった頁岩からのガス（シェールガス）、砂岩からのガス（タイトガス）、炭層からのコールベッドメタン、などは非在来型ガスと呼ばれています。米国のシェールガス革命とは、技術革新によるこの非在来型ガスの飛躍的な生産増加を指しています。

今後の世界のガスの需要については、米国エネルギー省傘下のＥＩＡ（米国エネルギー情報局）が二〇四〇年で今の一・三倍となる４兆８５０0億立方メートル、ＩＥＡ（国際エネルギー機関）は同じく二〇四〇年で一・五倍弱の５兆６３０0億立方メートルと予測しています。そして、中国を筆頭に今後の世界のガス需要の増大でアジアがその大きな割合を占めることも明白になってきています。すでにＬＮＧでは、二〇一八年でその需要の四分の三近くをアジアが占めました。

しかし、他方で地球温暖化に警鐘を鳴らし続けるＩＥＡは、気温上昇に歯止めを掛けるためにはガスを含めた化石燃料の消費を大幅に削減

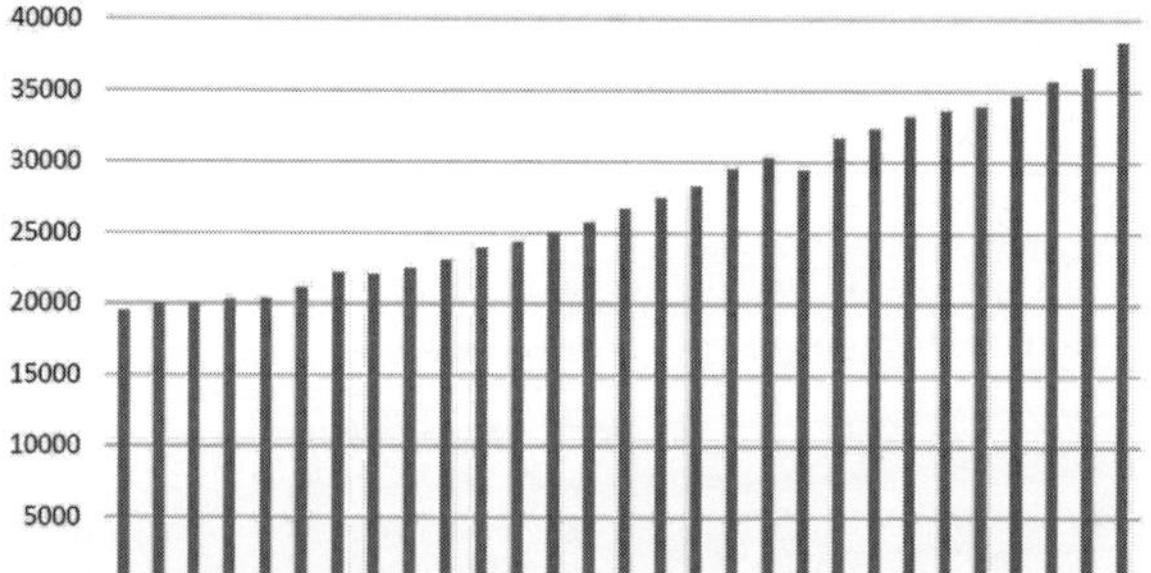

図2 世界のガス需要（億m³）
https://www.bp.com/en/global/corporate/energy-economics/statistical-review-of-world-energy.html

しなければ、とも訴えています。世界各国での環境意識の高まりで、風力や太陽光などの再生可能エネルギーの普及が進むならガスの需要はどうなるのかで、様々な予想の下で議論が戦わされているのが現状です。

ロシアのガスの生産と輸出

二〇一八年での世界のガス生産では、多い順に米国、ロシア、ぐっと下がってイラン、カナダ、カタール、中国、豪州と続きます。千億立法メートル以上を生産する上位七カ国で全体の約七割（68パーセント）を占めています。ロシアはその中で17パーセントに当たる約６７００億立法メートルを生産し、米国に次ぐ世界第二の生産国となります。

ガスの確認埋蔵量ではロシア、イラン、カタールの順で並び、二〇一八年の年間需要量から計算すると、生産中も含め五一年分はまだ世界の地下に眠っているということになります。一方、需要面でも米国とロシアが双璧で、これに続くイランや中国はまだロシアの半分程度です。日本やカナダ、サウジアラビアの需要は、イランや中国のさらに半分程度になります。

ガスの生産に対する貿易（輸出）の比率は、二〇一八年で24パーセントとなっています。世界で生産されるガスの四分の三が生産国で消費され、残りの四分の一が輸出に向けられて、その輸出の54パーセントがパイプライン、46パーセントがＬＮＧとなります（転売も含めた取引の数値です）。二〇一八年のガスの輸出ではロシアが約２４８０億立方メートル（ほとんどがパイプライン・ガス）でトップを走り、2位と3位にはロシアの輸出量のほぼ半分のノルウェーとカタールが続きます。

このように、世界の中でロシアは第2位のガスの生産国であり、また埋蔵量と輸出では

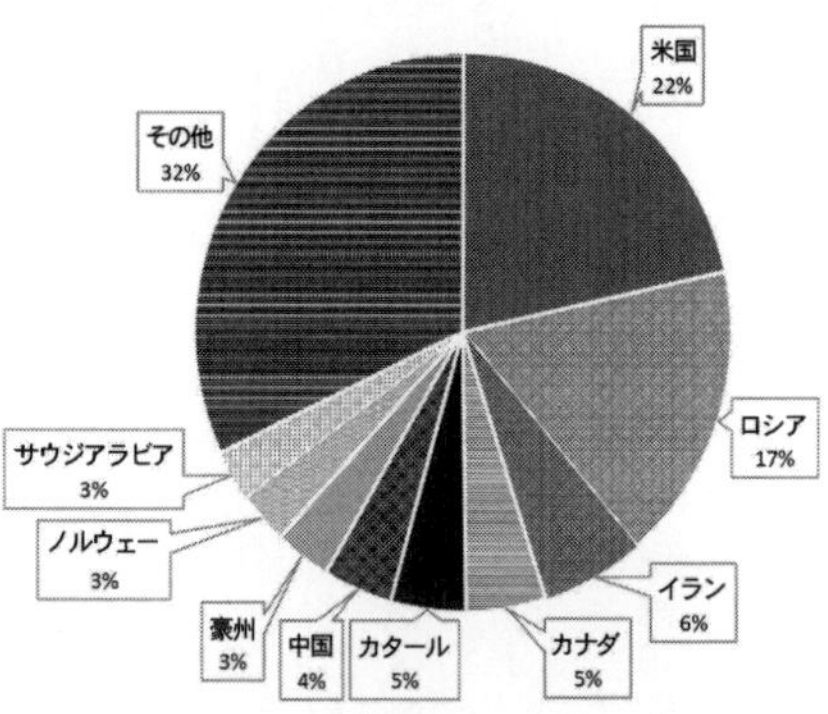

図3 2018年世界の天然ガス生産量 3兆8679億m³
https://www.bp.com/en/global/corporate/energy-economics/statistical-review-of-world-energy.html

第1位で、ガス大国と呼ばれるに値するといえるでしょう。しかし、その歴史は米国に比べれば比較的浅く、天然ガスの生産が本格的に始まったのは第二次世界大戦後のことです。西シベリアでのガスの生産が軌道に乗る前の一九七〇年で見ると、当時のソ連全体でのガスの生産量は米国の三分の一の規模でしかありませんでした。しかし、一九八〇年には生産量が十年前の二倍以上に増加し、そして一九八六年に現在のロシアでの生産だけで米国を追い抜きました。

生産量の増加に伴って、欧州向けの輸出も拡大していきます。これまでのガスの輸出量を見ると、一九六八年の17億立方メートルに始まり、十年ほど後の一九八〇年に548億立方メートル、一九八九年に1000億立方メートルを超えて現在の水準の半分近くに達していました。

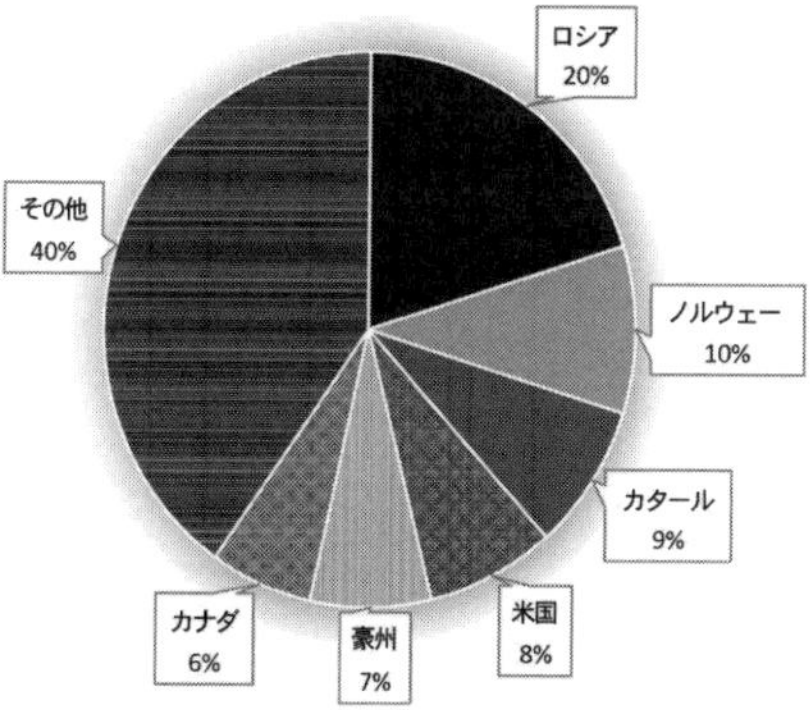

図4 2018年世界の天然ガス輸出量　1兆2364億m³
https://www.bp.com/en/global/corporate/energy-economics/statistical-review-of-world-energy.html

その間に欧州向けだけではなくトルコにも輸出が始まり、ソ連崩壊後もバルカン半島やオランダへの供給も手掛けられています。二〇〇九年のサハリンでのLNG生産（サハリン2）開始まで、ロシアのガス輸出は欧州、トルコ、それに旧ソ連諸国向けに限られていましたが、後述のように今後は世界で最もガス需要が増大すると見られるアジアに向けて、どれだけ輸出を伸ばせるのか、が新たな課題となってきています。

3　ロシアのエネルギー政策

ロシアのエネルギー政策とは？

改めてロシアにエネルギー政策なるものが存在するのか、と問うなら、その答えはイエスでもありノーでもある、という少々あやふやな面があるように思います。

一国のエネルギー政策が重要なのは、その安定供給が国の安全保障問題に結び付くからです。となれば、エネルギー資源を外国から調達してこなければならない国が標榜する政策、という意味合いが強くなります。その好例が日本で、米国に石油を止められたことで第二次世界大戦に踏み込んでしまったことは多くが知るところです。現在でも日本政府は国のエネルギー政策の基本（「エネルギー基本計画」）として、「安全性」、「安定供給」、「経済効率性の向上」、「環境への適合」を挙げています。

では、ロシアのような資源生産国の場合は、となると、自国の生産で国内需要が満たせるなら調達面での安全保障は（カリーニングラードのようなごく一部の例外を除いて）国内問題となりますから、その危険度は輸入依存に比べれば原則として小さなものになります。そして、資源国の関心は国内で余剰になった資源を輸出することで最大の儲けを稼ぎ出すことに向かいます。より多くより高く売るための買い手との交渉や新たな市場開拓策が必要ならば、そうした仕事はほとんどの場合、販売に従事する企業の役割になります。その企業がどれも百パーセント国有・国営ならば、企業の販売政策も政府のエネルギー政策の一部と言えるのかも知れませんが、ロシアがそれに該当するとは必ずしも限りません。こうしたことから、輸入国側が持つような意味合いでの国家が主導すべきエネルギー政策が、資源国・ロシアにそのまま当てはまるのか、やや疑問が残ります。

しかし、ではロシアはエネルギー政策一般と無縁なのか、となればもちろんそうではありません。プーチン政権下ではこれまで、二〇〇三年と二〇〇九年に「ロシア連邦のエネルギー戦略」と題された政府文書（政府通達、エネルギー省の省令）が出されています。戦略と銘打ったエネルギー関係での政府文書はプーチンの時代に初めて作成されたようで、当初は国内の電力供給の安定性確保が大きなテーマでした。

二〇〇九年版エネルギー戦略の改訂となる「ロシア連邦の二〇三五年までのエネルギー戦略」草案（二〇一七年二月公表、以下「戦略草案」）の項目を見ると、まず大目標として、エネルギー安全保障（国内供給）の達成と、ロシアの経済社会発展にエネルギー産業が寄与することを目指すと謳われます。この目標の実現のために、次のような政策が提案されます――

・地方経済発展、輸出先多様化、エネルギー資源輸出国の地位維持、環境への配慮
・技術の輸入依存縮小。
・国内エネルギー市場での競争促進、合理的な国内規制価格設定。

・極東、東シベリア、北極圏、クリミヤ半島、カリーニングラードでのエネルギーに関連するインフラの整備。

これらを見る限り、「戦略草案」が国内経済での調整と発展を主眼とするものであることが分かります。国内供給が充足していれば、どこから安全に調達するか、という輸入国での問題は登場しません。持てる国と持たざる国との違いです。

国内経済との関係でロシアにとって一番大きな問題は、エネルギー資源の国内供給価格をどう合理的なものに設定するかという点でしょう。石油や石炭の価格は不完全ながら市場に委ねるということで、原則として統制対象にはなっていません。その国内価格が国際価格と大幅に乖離するということはないようですが、最近ではガソリンや軽油といった石油製品の価格が上昇し、それを抑えるためにロシア政府は四苦八苦しています。一方、ガス価格だけは一部を除いて政府の認可対象になっています。これは、本書の冒頭でも述べたように、国内基幹ガス・パイプラインの所有、操業、そのパイプラインでのガスの輸出での独占がガスプロムに限って認められているからです。独占価格に対する国家の監督です。

認可される価格は、生産・輸送コストにガスプロムの要求する適正利益を加えた額に基づき、それに輸送距離に応じて調整された一定度の差（最大で30パーセントほど）を地域ごとにつけることで成り立っているようです。ロシアのように大きな国では、ガス田からの輸送距離が数千キロメートルに及ぶ地域も出てきますから、距離に応じた料金体系をそのまま、となると、西シベリアから離れた欧州に近い地域のガス価格は、今の水準から見ればとんでもない額になりかねません。ですから人為的な調整が必要とされます。このためガスプロムは、低価格を強いられて国内販売が赤字続きだと長い間不満をもらしてきました。

ロシア国内のガス価格が欧州などに比べると安過ぎるレベルに設定されている、という批判は外からも出てきます。その批判の趣旨は、国内価格を低水準に設定することで国内産業を保護し、それが不公正な貿易競争に結び付くというものです。確かに、ガスプロムが公表している二〇一八年での国内販売平均価格と欧州向け輸出平均価格を比べてみると、千立法メートル当りで前者が3千980ルーブル（付加価値税込みなら4千700ルーブル）、後者が1万5千500ルーブル（欧州内小売価格はさらに大きな額になります）、と四倍近い差が出ます。しかし、世銀の統計によればロシアとEUの一人当りGDP（名目値）の比較でロシアはＥＵの三分の一ほどですから、相対的に見ればガスの価格に極端な差が付いている訳ではないという議論も可能でしょう。ロシア政府内では国内価格を輸出価格に連動させようとの案も一時は出たようですが、原油価格の上昇に伴ってガスの輸出価格も高騰し、それをそのまま国内価格に反映させたのではインフレーションを加速しかねず、現状でのロシアの所得水準にとっては非現実的、との結論になってしまったようです。

また、欧州向けの価格は大体がドル建てですから、ルーブルが下落すればそれだけ輸出価格も膨らみます。１万５千５００ルーブルという価格はドル建て価格が先にありきで、ロシア中央銀行の統計から逆算すると１ドル＝70ルーブルで換算しているようです（ガスプロムと中銀とで平均価格の算出方法が異なっているかもしれませんが）。もしこのレートが二〇一四年より前の１ドル＝30ルーブルあたりであったなら、税込みでの国内価格は輸出価格の七割のレベルまで上がってきてしまう計算になります。外国との価格の比較は、ルーブルのように変動率が大きい通貨を介すとなるとどうにも厄介な話になってしまいます。

他国との関係では、「戦略草案」にある「技術の輸入依存縮小」は国内経済振興策の一つと言い換えられるでしょう。一方、「輸出先多様化、エネルギー資源輸出国の地位維持」

という部分では、昨今のロシアへのガスに関する批判が絡んで来そうです。その批判とは、「ロシアはガスの輸出を対外圧力の手段に使っている」というものです。他国への供給者となり、その供給を恣意的に止めてしまうことで他国を苦境に陥れ、ガスと関係のあるなしに拘わらずロシアの政治的要求を呑ませようとする――つまり、ロシアからガスを買ったらその言いなりになる恐れがある、という主張です。

こうした見方が西側で特に強まり始めたのは、二〇〇九年あたりからです。この年にロシアとウクライナとの間でガスの価格交渉がもつれた結果、ロシアがウクライナ向けのガスを止めました。この件については後で触れますが、前年の夏にジョージアと戦火を交えたことから、ロシアが対外強攻策に転じてきたのでは、といった疑念が漂い始め（後にEUは、先に手を出したのがジョージアだったことを認めていますが）、リーマンショック発生で世界経済の行方に誰もが不安を抱いていた時でしたから、欧米もかなり神経過敏になっていたのでしょう。しかし、当時の欧州向け価格水準やロシアとウクライナの言い分による値差を勘案すると、ロシアが一方的に無茶な要求を押しつけていたとも思えません。そこでガスプロムから見れば、それ以前から代金未払い・滞納の常習犯だったウクライナが相手ですから、代金を払わないならガスは渡せないというのは売り手としては当たり前の態度だったとも言えます。外交問題が絡むだけに、ウクライナ向けの供給遮断を最終的に許可したのは当時の大統領だったメドヴェージェフだったのかも知れません。しかし、それはロシア政府の政策以前に、商業面でガスプロムの当然の要求でもありました。従って、ロシアがガスを政治外交の道具に使うという批判には、事実関係を見る限りでは確たる論拠があるとは思えません。

ただ、安全保障という概念は多分にそれを考える側の主観が入ります。ロシアにその気がなかったとしても、エネルギー供給をロシアに依存する側が、「もし供給を止められたならどうするか」を念頭に置いて動くことはむしろ当たり前でしょう。輸入国の心理を考えれば、それを間違いだと一概に否定はできません。自然災害などによる意図せざる供給遮断というケースもあるからです。ＥＵが対露依存増大で神経質になるのも、やむを得ないところがあります。但し、ロシアからのガスに関らない米国が、欧州の対露依存が誤りだとしてロシアからの新たなガス・パイプライン建設を止めようと動くことは、行き過ぎた政治的行為にも思えます。

安全保障の感覚は輸出国にとっても同じことです。輸出先多様化とエネルギー資源輸出国の地位維持をロシアが「戦略草案」に書き込むなら、ガスのパイプラインによる輸出そのものが、ロシアの安全保障に連なる、つまり経済的な結び付きが深まれば、戦争に到るような関係からは遠ざかれる、という一種の期待感が込められてもおかしくはありません。それを目的に据えてガスの販売を多様化する訳ではないでしょうが、そこから得られる反射的利益をロシアが安全保障問題として捉えている可能性は充分にあります。

クリミヤ半島やカリーニングラードに関わる部分は、一義的には国内問題ではあっても他国との関係が避けられません。クリミヤ半島は二〇一四年の併合以来、西側による対露制裁の原因と動機になっており、ウクライナとの関係でも大きな意味合いを占めています。従って、この地でエネルギー関連での投資を行なうことは、ほぼ自動的に西側とウクライナを巻き込む動きになりかねません。カリーニングラードはロシアの飛び地で陸の孤島です。そこへのパイプラインによるガス供給は、ロシアとの関係が決して良いとは言えない国を通過しなければなりませんから、その安全保障の問題が絡んできます。

「戦略草案」の予測値

「戦略」と名が付く文書だからか、目標の設定に際してはその前提になる将来のエネルギー資源の需給状況や価格の想定値も必要となります。ところがいざその作成となると、そうたやすい話ではありません。二〇〇三年に「戦略」と共に公表された諸予測は、その年以降に続く国際原油価格の上昇ですぐにはずれてお払い箱になりました。二〇〇八年には、今度は逆にその価格暴落で見通しが困難になってしまい、それが理由で一年遅れとなった「戦略」の発表では、予測値に大きな幅を持たせるやり方を採らざるを得なくなります。その後いったんは原油の価格上昇があったものの二〇一四年には再度下落、といったことで予測困難が続き、本来ならこの二〇一四年に作成完了を予定していた「ロシア連邦の二〇三五年までのエネルギー戦略」もまとまらなくなってしまいました（これが「戦略草案」をいまだに分析の対象にせざるを得ない理由です）。

原油価格の先行きだけではなく、石油分野での税制変更からの影響度や世界のLNG需給拡大（ロシアのLNGがどれだけ売れるのか、の見通し）などの、やはり政府内の見解とりまとめが簡単ではない要素も加わって、予想の策定はさらに難しくなります。二〇一七年十二月に極北の地・ヤマール半島でLNGの生産が開始された際に、プーチンはこの「戦略」を二〇一八年五月末までにまとめるようにと指示を出しましたが、これも果たされずにいる始末です（二〇一九年七月現在）。

ただでさえ、「石油価格の予測で唯一断言できることはどの予測も当たらないこと」と皮肉られる世界です。ましてや、二十年先までの予想などは不確定要素の塊ですから、IEAのような国際機関も予想という言葉を使わずに、シナリオという概念を持ち込んで対処しています。かくかくの条件が揃ったならば数値はしかじかになるだろう、というもので、前提が変われば数値も変わるという点をあらかじめ織り込んで将来値を算出しています。ですから、不確定要素に政策を結び付けて描くこと自体が本来無理筋な話なのです。しかし、ロシア政府はまだこれに固執しているようです。向こう三年間の原油価格の予想が政府の予算編成で大きな意味を持つことは、歳入の46パーセントが石油ガス分野から（二〇一八年）という事情でやむを得ないのでしょうが、あたかもその延長線上で二十年もの長期予測と政策を組み合わせるという発想にはあまり感心できません。

価格の他に「戦略草案」は、ロシアのエネルギー資源の生産や輸出についての予測も出しています。これらもその予測数値の範囲がどうなるかは、神のみぞ知る、です。それに加えて、二〇一七年に作成されてからこれまでに、すでに二年以上が経過してしまいました。その間に部分的な新しい予測も出始めています。しかしそれでも、今の政府がどのような政策意図を持っているのかを窺うことはできるでしょう。

「楽観」「保守」の二通りのシナリオが作られ、図5のガスでの予測値を石油や石炭のそれと比較すると、図6（楽観シ

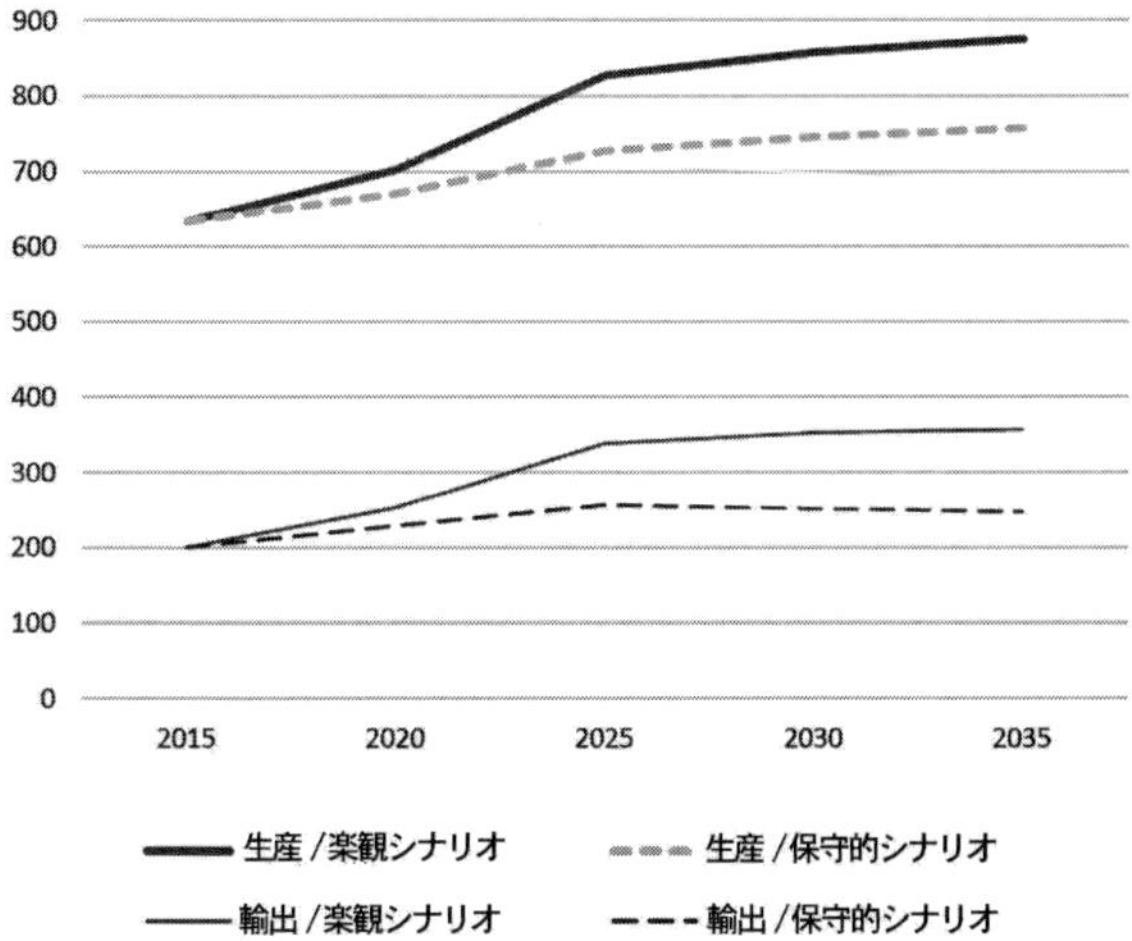

図5 ロシアのガス生産・輸出シナリオ
（「2035年までのロシア連邦のエネルギー戦略」草案）

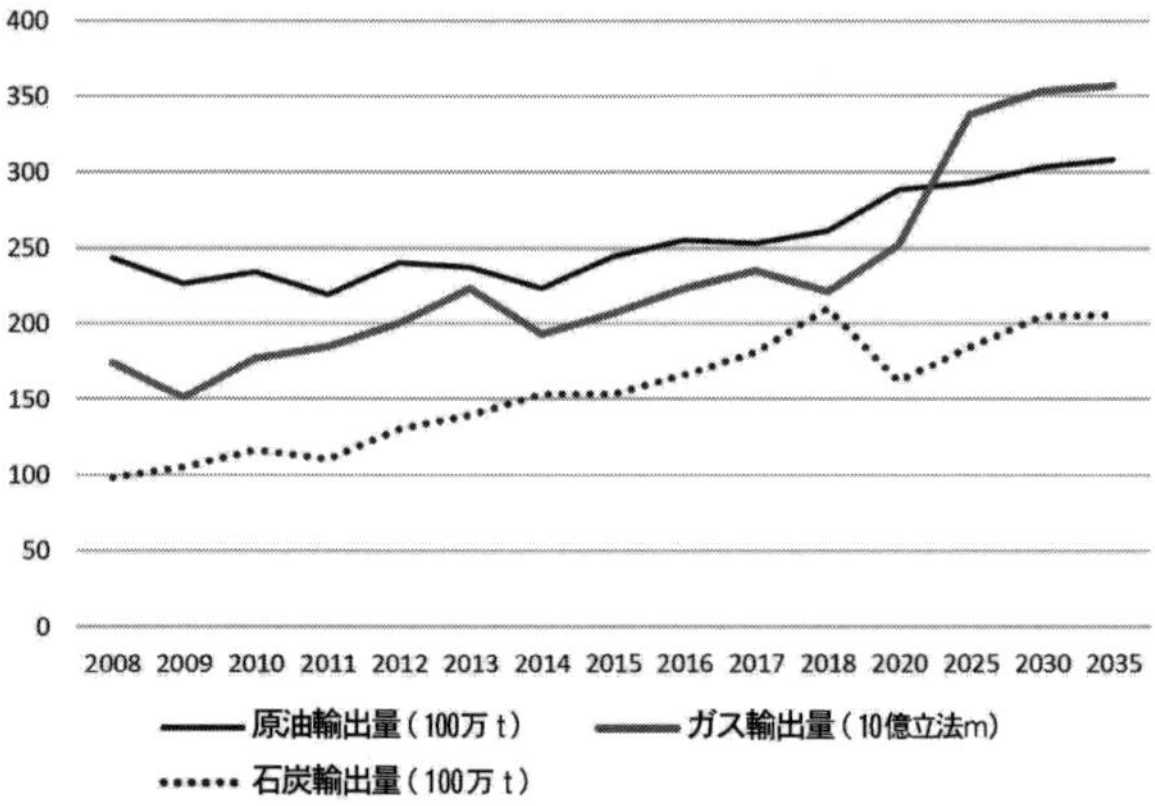

図6　ロシアのエネルギー資源輸出：実績（～2018年）と「戦略草案」楽観シナリオ

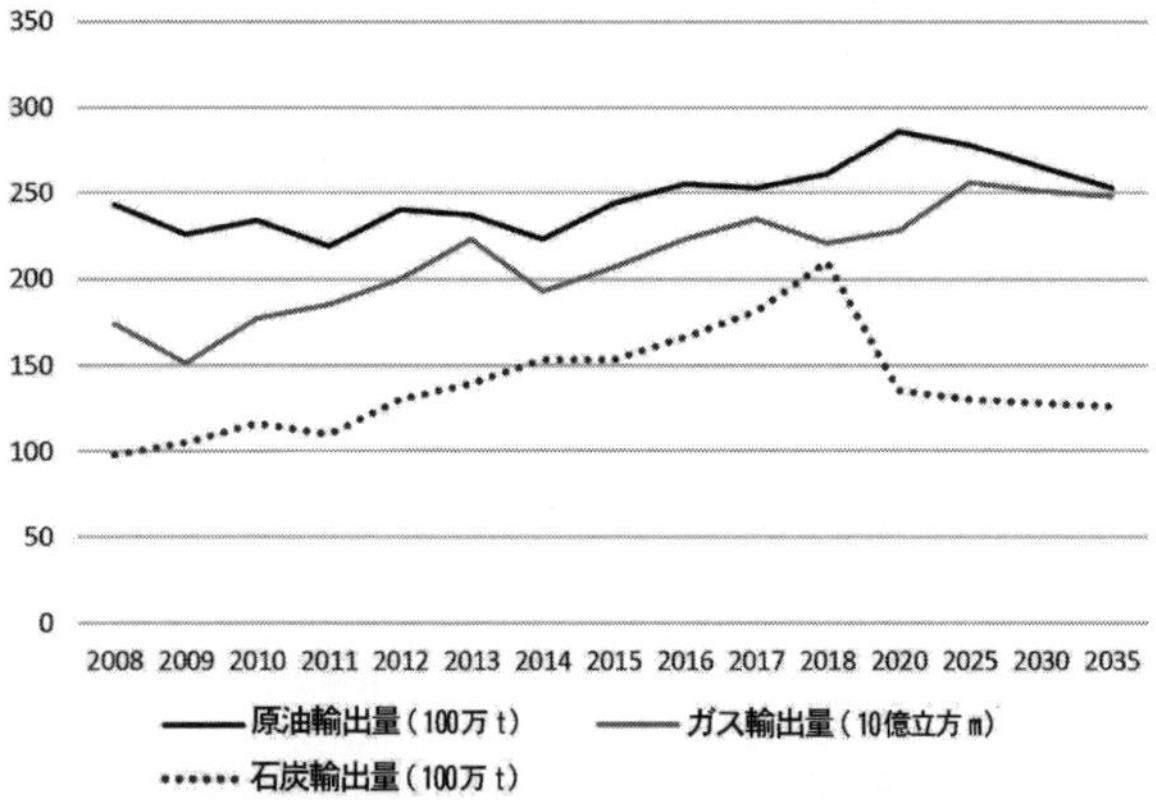

図7　ロシアのエネルギー資源輸出：実績（～2018年）と「戦略草案」保守シナリオ

（ロシア通関統計「2035年までのロシア連邦のエネルギー戦略」草案）

ナリオ）及び図7（保守的シナリオ）が示すように、政府関係者が明らかにガスに比重を置いてこれからの生産や輸出を考えていることが読み取れます。

実績値で見ると、「戦略草案」で予想の起点となっている二〇一五年から遡って二〇〇四年からの十二年間では、原油と石炭の生産はそれぞれ7740万トン（＝約150万バーレル／日）、1億1000万トンと増加していますが、ガスの生産量は十二年前の水準へ逆戻りです。

しかし、それにもかかわらずこれからのガスに期待を懸けるのは、自国での生産余力や世界市場の傾向を考えた場合に石油と石炭に夢を託すわけにはいかないからです。石油では今後生産そのものが大幅には伸びず（楽観シナリオですらほぼ現状維持）、石炭は諸制約要因からの輸出の不確実性が大き過ぎます（楽観／保守の予想のぶれが30パーセント）。そうなると消去法でガスに頼るしかないという結論になります。ガスの楽観シナリオでは、生産は二〇一五年の実績値6330億立方メートルから二〇三五年の8750億立方メートルへと38パーセントも増加し、その増分の65パーセントが輸出へ向かうと想定されています。

その結果、ガスの輸出量が二〇三五年までに1600億立方メートルも増加することになりますが、その多くは今後も世界で最大のガス市場となるアジア方面に向けて、となります。これがガスの分野で「戦略草案」が課している輸出先の多様化です。「戦略草案」はいまだに政府の最終承認が得られていませんが、それが承認された際でもガス輸出への期待やその東方に向かっての拡大という基本シナリオは変わってはいないでしょう。最大の顧客はパイプライン・ガスとＬＮＧの双方を供給できる中国で、それ以外にも日本や朝鮮半島に向けてのガスの輸出増加策が検討されています。

4　欧州向け輸出

現　況

ガスプロムのガス輸出は、ほとんどがトルコを含めた欧州向けパイプラインによるものです。ソ連が崩壊した一九九一年でロシアのガスの生産は６４３０億立法メートル、輸出は（その後独立したＣＩＳ諸国への当時の供給も輸出と見なすなら）２４６８億立法メートルでしたから、現在のロシアのガス産業の規模は、ソ連時代に大体でき上がっていたといえます。当時と今とで違いがあるとすれば、ＣＩＳ諸国への輸出が減少した代わりに、欧州向けが二倍近くに伸びてきたという点です。ガスプロムによれば、二〇一八年の欧州のガス輸入ではその68パーセントを同社が占め、ＥＵの統計ではＥＵガス総需要の37パーセントをまかなっています。

ガスプロムの年次報告書によれば、二〇一八年で同社のガス販売量の47パーセントが三国間取引（非ロシア産のガスの取引）も含めて欧州向けでしたが、販売額では69パーセントを占めて最大の収益源になっています。この欧州市場は同社にとって最重要の市場であるとともに、多くの問題も抱える輸出先にもなります。ガスプロムの輸出に対する理解度や感覚は、この欧州向けの中で生まれ育ちました。そして、そうであればそれだけ、世界の他の地域への理解度が相対的に低くなる、つまり、欧州向けでの経験値から離れてものを見る力が削がれているように見えることもあります。そのあたりが、ガスプロムは結局顔が欧州を向いている会社だ、と言われる理由なのかもしれません。

現在欧州向け輸出で抱えている大きな問題には、次の三点が挙げられます――
①ウクライナ経由での欧州向け輸出の今後と新規パイプライン建設。
②やはりウクライナ問題から発生した欧州側の対露警戒感と、それが増幅するロシア産ガス回避の動き（対露経済制裁の影響と今後激しさが増すＬＮＧとの競合）。
③ＥＵの域内ガス市場自由化の動き。
これらの三点は、それぞれが互いに絡み合うという面倒な形になっています。

ウクライナを巡る問題

発端はやはり欧州向けのウクライナ経由輸出の問題ということになるでしょう。二〇〇九年の同国とのガス代金支払い問題では、同国向けはもちろん、同国経由で欧州の需要家に送られていたガスまで止まってしまいました。悪いことに一月の真冬の出来事でしたから、三週間近くに及ぶこの供給中断で暖房に事欠いて酷い目に遭った需要国も出てきます。このため、ＥＵは対露ガス依存からの脱却路線を真剣に検討し始めました。

そして、二〇一四年のウクライナ問題発生がこの流れをますます強めることになります。この年にヤヌコーヴィッチ政権が半ば暴力革命の様相の中で倒され、その後に親欧米を標榜する新政権が誕生しました。それに対抗するかのようにロシアはクリミヤでの住民投票の結果を根拠に、ロシアへの併合に踏み切ります。これが欧米をいたく刺激して、ロシアへの懲罰とクリミヤ返還を目的とする対露経済制裁が米国やEU他によって次々と発動されていきました。加えて、ウクライナ東部では親露派による事実上の独立地域が生まれ、これを表裏でロシアが援助していることが火に油で制裁の範囲が次第に拡大していきます。

ウクライナ政府軍と独立派との戦闘で、死者はこれまでに一万人を超えています。欧州の主要国は、それでも始めのうちは問題を平和裏に解決すべくロシアの言い分にも耳を傾ける姿勢をある程度は見せましたが、二〇一四年夏にウクライナ上空を飛行していたマレーシア民間機が撃墜（誰の仕業かは、西側とロシアの主張で平行線）されて紛争に無縁だった多くの人々が犠牲になったことで、その扉も閉ざされてしまいました。二〇一九年になって、それまでの反露急進派ともいうべきポロシェンコから、政治に全くの素人のテレビタレントであるゼレンスキーが選挙で大勝して大統領職を引き継ぎました。ですが、現状では今後ウクライナの対露姿勢がどう変わるのか、あるいは変わらないのかは、様々な思惑が交差するもののまだはっきりとは見えてきていません。

こうした政治的対立の関係にあって、ガスの取引も影響を受けずにはいられませんでした。ウクライナは、かつてはドイツと並ぶロシアからの最大のガス購入国でしたが、二〇一五年の途中からは価格の折り合いが付かないことを理由に輸入を停止しています。二〇一八年でウクライナのガス需要は323億立方メートルで、そのうち106億立方メートルを欧州からの輸入に頼り、ロシアからの輸入は東部の半独立地域向けを除けばゼロのままです。

ソ連が崩壊した一九九一年で、ウクライナのガス需要は今の日本のそれに匹敵する1182億立方メートルもありました。その後の経済の崩壊と不調で需要量は減っていきましたが、それでも二〇〇八年にはまだ663億立方メートルを消費し、ロシアからの輸入は526億立方メートルもありました。それが二〇一八年では上に見た数値です。二〇一八年のGDPは約三十年前の一九九一年の水準のまだ七割弱ですが、非効率や無駄を省いたとしてもこのガス需要の減少は尋常ではありません。対露買い付けを意図的に取り止める政策ならば、それが弱体化した経済にさらに打撃を与えていることにもなるでしょう。

欧州からの輸入も欧州域内の数少ない生産者から直接買っているのではなく、欧州市場で転売に回されているガスを仲介業者がウクライナに販売しているようです。ウクライナはガスプロムの売値を、意図的に吊り上げられた非市場価格だ、と非難していました。それを理由に、過去に蒙った損害の賠償請求を法廷に持ち込んでいます。仲裁裁判所の裁定はウクライナに有利な結果とも見えますが、ガスプロムは承服せず、同社の在外資産をウクライナ側が接収して競売に掛ける動きに向かっています。しかし、二〇一七年以降は欧州の「市場価格」がガスプロムの対欧輸出価格を上回るようになり、結局現在ではウクライナは割高なガスを買う羽目に陥っているようです。一方、ウクライナの資金繰りで生殺与奪の権を握るＩＭＦは、経済の市場化を目指して国内ガス価格の引き上げを要求しています。ならば、輸入価格を国内需要家に転嫁して、欧州並の国内価格水準を達成せねばならないところですが、所得が伸びない国民にとってこれは容易には受けられない話でしょう。

ガスプロムにとってウクライナは販売先であると同時に、欧州向け輸出での通過国になります。二〇〇四年にウクライナで親欧米政権が発足してから、二〇〇六年と二〇〇九年の二回にわたりロシアとの間でガス問題が発生しました。さらに、問題発生のたびにウクライナによる盗ガスが起ったために（ウクライナ側はこれを否定）、ロシアはウクライナを迂回した新たな欧州向けパイプラインの建設に向かいます。

二〇〇八年から二〇一〇年にかけて欧州向けのガス輸出はリーマンショックの煽りを受けて三割も減ってしまったので、新規パイプラインが全て稼働する将来には、ウクライナ経由の対欧輸出をゼロにすることもガスプロムは選択肢の一つとして考えていたものと思います。ですから、二〇一九年末に失効する二〇一〇年締結の現在の通過輸送契約の延長をガスプロムは拒むのではないか、との見方もありました。しかし、その後二〇一〇年に底を打った欧州向け輸出は二〇一五年あたりから増加が顕著になり、ロシア中央銀行の統計によると、どん底だった二〇一〇年から二〇一八年までの九年間で71パーセントも増えました。こうなるとガスプロムはそれまでとは逆に、パイプラインの輸送能力が足りるのか、という心配をし始めます。その結果、現在では通過輸送契約の延長を行なうという姿勢の下で、ウクライナ側との交渉に備えています。また、ウクライナの政府が代わったこともあり、通過契約だけではなく、ウクライナ向け輸出の再開も併せて妥結に持ち込もうとの算段のようです。

EUの「ガス指令」

ＥＵは内閣に相当するＥＵ委員会が、ロシアとウクライナのガス問題が起った二〇〇九年に「ガス指令」の第三弾を打ち出しました。「ガス指令」とは、ＥＵ域内のガス取引自由化を目指す加盟国に対する政策文書で、「指令」とは、一方的に委員会が条文を押し付けるのではなく、その趣旨に沿った国内立法措置を加盟国に義務づけるものです。ＥＵの対外競争力を高めるために域内のガス市場の自由化を推し進めて、最終的にはエネルギー価格の引き下げを狙います。米国の国内ガス市場自由化に遅れること十年ほどの一九九八年にこの政策は始まり、二〇〇三年に追加改正版（第二弾）が出されました。それらに続く第三弾は、域内の「上下分離」を加盟国に事実上命じるものです。

「上下分離」とは、ガス・パイプライン操業での独占を排除して、ガスの販売者が自由にパイプラインを利用できるようにすることで販売競争を促進し、その結果ガス価格が下がる、という筋書きです。このため、EU内ではガスの生産者（＝上、たとえばガスプロム）が同時にパイプライン（＝下）を保有して、自社のガスの輸送にのみこれを利用するという形が認められなくなります。通信ケーブルや送電線と同じように、伝達・輸送手段の一種の公共化を石油やガスのパイプラインでも、ということです。

これは米国のやり方に倣ったものでした。しかし、欧州と米国との間には大きな違いがあります。米国は国内に八千社近くのガスの生産者を抱え、輸入依存度が甚だ低かったのに対して、欧州ではガス市場参加者の数が遙かに少なく、また輸入が需要の半分近くに達していました。つまり、米国であれば市場自由化は国内の課題として片付けることが可能だったのに対して、EUでは域内市場での外国企業（輸入先）を大きく巻き込むことが避けられませんでした。従って、その一社だったガスプロムにも影響が当然及ぶことになります。ガスプロムはEU域内でパイプラインや地下貯蔵庫の所有ができなくなるか、できても第三者がそれを利用することを一定度認めねばならなくなりました。同社が考えていた欧州市場への浸透策は阻まれた格好です。その具体例がサウス・ストリームやノルド・ストリーム増設計画でした。

二つの欧州向け海底ガス・パイプライン

ロシアはウクライナ経由での対欧輸出がウクライナの振る舞いで不安定な状態に置かれることを避けるために、新たな輸出経路の設定とその建設に走ります。すでにそれまでに操業を開始していたバルト海海底を通ってロシアとドイツを直接結ぶパイプライン（ノルド・ストリーム）の増設（輸送能力550億立法メートル）と、黒海海底を通りロシアとブルガリアを繋ぐパイプライン（サウス・ストリーム）の建設計画（輸送能力630億立法メートル）です。

後者では、EU域内にパイプラインが入って通過する南東欧の国々の財務力が強くはなかったことから、ガスプロムが通過国それぞれでパイプラインの半分を所有する形で建設資金を提供することで進めようとしていました。しかし、これがEUの「ガス指令」第三弾と正面から衝突してしまい、さらには米国の介入もあって、結局、二〇一四年末に廃案に追い込まれてしまいました。その後、この黒海海底パイプライン案は、欧州での上陸地

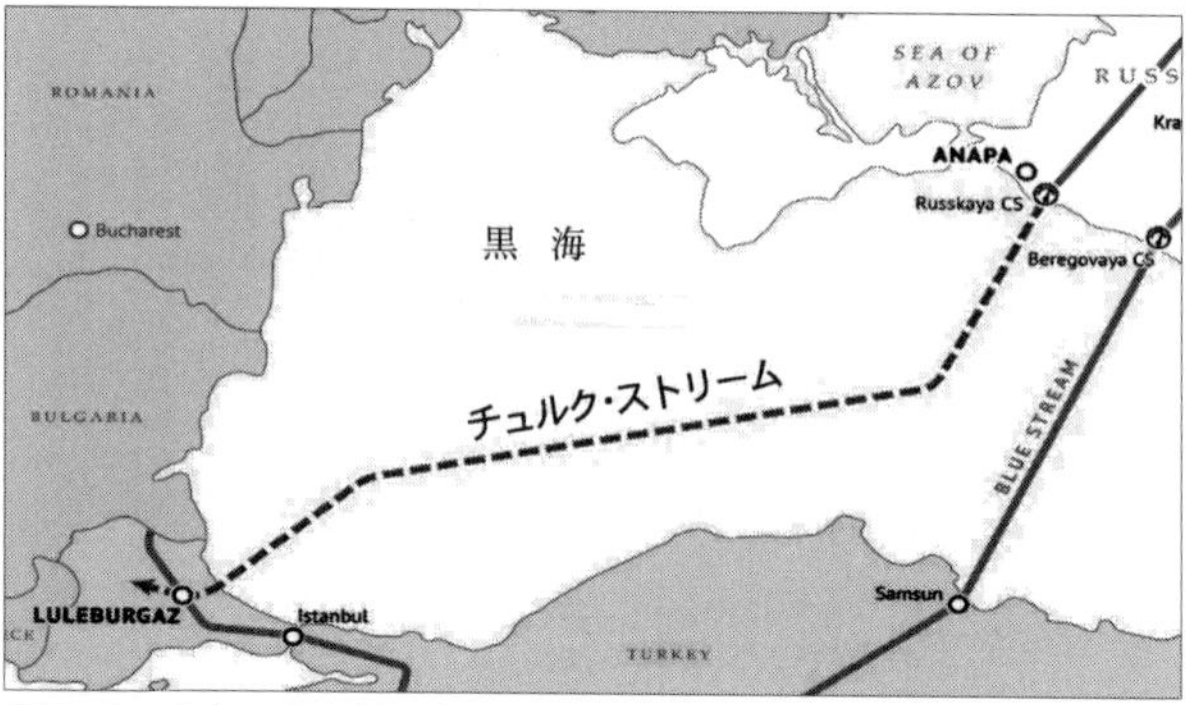

図8 チュルク・ストリーム http://www.gazprom.com/projects/turk-stream/

点をブルガリア内からトルコ領内に変更し、チュルク・ストリーム（輸送能力は半減の３１５億立法メートル）と改名されて建設が再開されています。当面はトルコ向けの供給に使われますが、欧州側関係国が自ら領内のパイプラインを建設する方向に進むなら、対欧輸出への対応も検討する姿勢のようです。

一方、前者のノルド・ストリーム増設では、二〇一九年内の完成を目指して海底パイプライン敷設他の工事が進められました。ですが、陸上のみならずその加盟国領海においても「ガス指令」を適用する動きにEUが出ていますから、完成しても操業でかなりの制約を受けるリスクは消えていません（本件では例外措置として、ドイツにその制約の裁量が委ねられていますが）。また、安全保障の観点からデンマークが自国領海のパイプライン通過に対して長らく承認を出さなかったため、これが原因で多少の経路や工期の変更も予想されています。さらに、このパイプライン計画そのものに反対している米国の議会が、対露経済制裁の一環として関係者に新たな制裁を発動する方向に動いています。

ノルド・ストリーム増設へのEUや米国の対応をロシアは批判します。国際海洋法では海底パイプラインの敷設が原則的に認められているはずで、環境問題の深刻化といった差し迫った問題でもない限り、沿岸国はこの敷設に反対できないということになります。そうであれば、領海外を通るパイプラインの操業条件（「ガス指令」）を沿岸国は強要できるのか、という問いが出ます。次に、証明

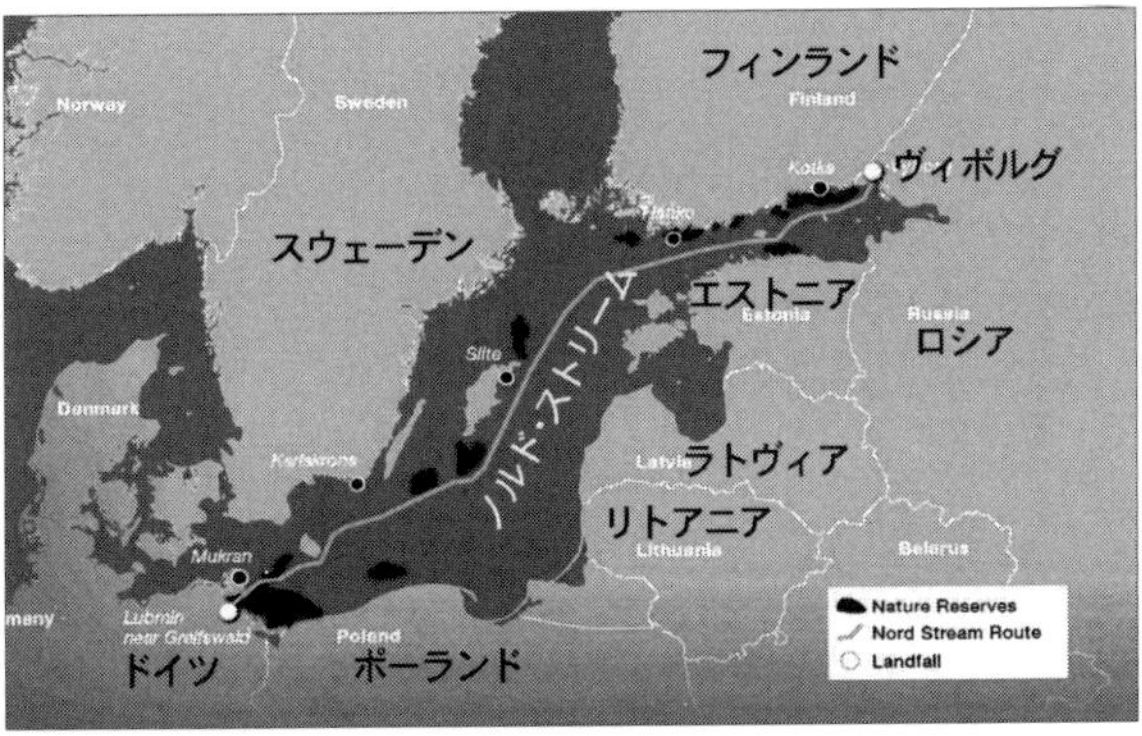

図9 ノルド・ストリーム（Nord Stream社掲載）
https://www.nord-stream.com/press-info/images/nature-reserves-along-the-nord-stream-route-2663/

が簡単ではない安全保障の問題・懸念を理由としてデンマークのように反対が可能なのか、です。さらに、沿岸国ではない第三国（この場合は米国）に敷設を阻止することが許されるのか、という議論も出ます。安全保障の問題には、多分に当事国の主観的要素が含まれます。ですから、何が国際法に照らし合わせて正しいのかの判断は往々にして大変難しいものになります。そのためもあって、ノルド・ストリーム増設に対する西側の見解も内部で一致せず、制裁に力む米国に対して、ドイツはパイプライン敷設推進の立場を変えていません。

ロシアとの付き合いが長いドイツと、頭で安全保障問題を考えがちな米国との差が出ているようです。それにつけて昔の話が思い出されます。ソ連から欧州向けの輸出が始まった一九六〇年代後半から、米国は欧州がソ連のガスに依存することに反対していました。ソ連にはガスを通じて欧州との繋がりを強化するという意図はあったのでしょう。しかし、そのこと自体が米国には気に入らない話でした。実際のところは、西側からパイプラインに必要な鋼管を輸入せねば西シベリアのガス田開発が画に描いた餅になってしまうために、その買い付けでの支払いをガスで、の構図でした。当時のソ連では、高圧下で使用に耐える大口径鋼管が生産できなかったのです。

なお、これらのパイプライン・プロジェクトはアナリスト達には評判が良くありません。新規の輸送能力がそれだけ販売量（売上高）の増加を意味するわけではないからです。ウクライナを通過していたガスがその流れを変えるだけの話で収益増には結び付かないとなれば、投資が利益を圧迫してそれだけ配当に回す金が減るという理屈になります。

ガスの「市場価格」

ＥＵの反独占政策とも相俟って、「ガス指令」からはもう一つの大きな問題が浮上しました。それはガスの「市場価格」についてです。「ガス指令」の実質的な最終目的が域内のガス価格引き下げにあるのですから、「上下分離」等の施策によって生まれる競争が実際に安い「市場価格」を生み出さねばなりません。そのために一九九〇年代の後半からガスの取引所が生まれ、ＥＵ内で生産されるガスや輸入パイプライン・ガス、ＬＮＧでの競争入札による「市場価格」形成の試みが始まりました。価格は石油価格と関係なく取引所での需給関係で決められ、また取引は長期契約ベースではなく一回ごとのスポット契約となります。欧州市場では、従来の石油製品価格連動の長期契約での価格が存在する中で、この「市場価格」が併存する形になりました。

ガスプロムは一九六〇年代後半に欧州向けのガスの輸出を始めて以来、欧州の需要家との売買契約で石油製品価格連動方式を採用してきました。そして、EUが主張する「市場価格」には懐疑的な立場をとります。長期契約という買い付け保証が無くなることへの不安もありますが、その「市場価格」なるものが本当に適正な価格水準を示すものなのか、という疑問が払拭できていないからです。

「市場価格」と聞けば、需要と供給が均衡する点で決まるもの、従って誰も文句の付けようのない水準、と思いがちです。けれども原油を例に取ってみると、過去二十年ほどの世界の原油の需要量と価格のそれぞれの変化の間には大きな乖離が見られます。

図10の世界の原油の需要量と価格の推移を見ると、実需の推移に比べて価格は大きく変動しています。このことから、実需以外の要素も加わって価格が形成されていることが窺えます。原油では、北海原油の取引価格であるブレント、米国の一部の産出原油の取引価

格であるＷＴＩ（West Texas Intermediate）といった価格が世界の価格の指標として使われています。これが特に二〇〇〇年代に大きく上振れしました。大量の投機資金の流入がその原因とされていますが、それがどれだけ価格を押し上げたのかについては、正確なところは分かりません。そして、ブレントもＷＴＩも、実際に取引される原油の量は世界の需要の僅か数パーセントでしかありません。そうなると、これらは果たして世界市場の適正な価格を示しているのかという疑問が湧いてきます。

ガスでは、こうした世界的に使われる取引価格の指標はまだ生まれていません。米国内での取引所価格、欧州での取引所価格と石油製品連動価格、そしてアジアでの主として原油価格連動のＬＮＧ価格と

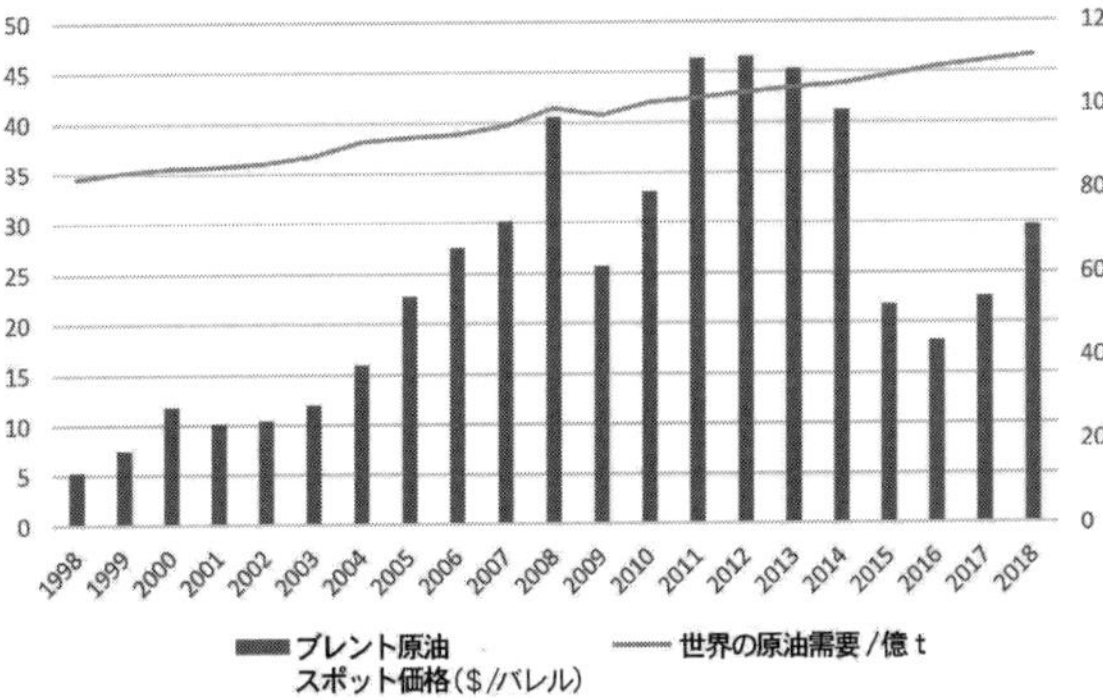

図10　原油の需要と価格推移 (BP statistical review of World Energy)

スポット価格、と言った具合に、米国・欧州・アジアの三地域で別々の価格体系が成立しているのが実情です。そこからどうやれば正しい世界価格指標が作れるか、との問いへの答えはまだありません。

さらに、米国や欧州のガスの取引所価格も、原油の場合と同じように世界のガス需要全体から見ればごく僅かな取引量で形成されています。一方、石油連動方式でも原油価格に従う限りは、原油の「市場価格」の場合と同じような疑問は消えません。結局のところ、経済学の教科書に出てくるような実需に基づく原油なりガスなりの市場価格というものは、厳密に考えればどこにも存在しないことになります。

では、どうしてブレントやＷＴＩ、あるいは米欧のガス取引所価格が「市場価格」として通用しているのかといえば、他に価格の基準値らしき指標が見当たらないからです。つまり、不完全さをどう指摘されようと、より信頼に足りる他の新たな基準値が出て来なければ、いまあるもので済ませておくしかない、ということなのです。これに市場参加者が納得することで取引が成り立っています。さもなければ、産油国側の言い値に消費国側が振り回される一九七〇年代のような時代に戻るだけでしょう。

石油価格連動方式を主張するロシアも、それがガスの価格を決める理論上の決定打だとは実際には思っていないかも知れません。それでもその方式を主張するのは、これまでそれで売り手も買い手も文句を言わずにやって来たのだから、という点だけが論拠なのでしょう。新たな「市場価格」生成に向けて自分の方から何かを提案していくという姿勢はそこには見られません。いかにも保守的なスタイルです。

こうして、石油連動価格に依存するロシアも、「市場価格」を主張するEUも、理論面で決定的に相手に対して優位に立てる訳ではないという状況を招きますから、最後は買い手と売り手のそれぞれの損得勘定がぶつかり合って、どこかで妥協点を探るということになります。二〇一一～二〇一三年の三年間は、年間のブレント平均価格が史上初めて三年連続で百ドル（バーレル当り）を超えました。このため、ガスプロムの欧州向けガス価格も一時期には四百ドル（千立方メートル当り）を超えてしまいます。数年前に比べれば二倍以上の値上がりです。二〇〇八年以来の経済停滞下にあった欧州の需要家にとっては、これはどうにも耐えられない水準の価格でした。切羽詰まった彼らはガスプロムに価格改定を要求します。ガスプロムも、「契約は契約だ、それに従った価格で何が悪い？」といった論ではおよそ相手を説得できない状況だと理解して、要求を受け入れて価格の算定方式に修正を加えるなどで一定度のガス価格の値引きに応じます。

この流れの中で、ガスの需要で特にガスプロムへの依存度が高い東欧諸国やウクライナは、ガスプロムの価格が市場で決められたものではなく人為的に高く設定されている、との批判を強めました。公正な市場価格ならもっと安くて当然という主張です。しかし、ウクライナのケースで見たように、その後原油価格が値下がりすると、今度は石油連動型のガスプロムの価格の方が欧州の「市場価格」を下回るという時機が到来してしまいました。それに伴って、ことガスの価格に限ってはガスプロムへの批判は消えていったようです。

競争に基づき形成される「市場価格」が常に石油連動型価格より安いというわけではないことが立証されたわけです。すると今度は、同社からの買付価格より高い価格を支払うLNGの輸入について、「安全保障の観点から対露依存を減らすため」という新たな理由が述べられ始めました。こうなると、経済原則はどこかへ飛んでしまいます。それだけ、二〇一四年のウクライナ問題が欧州諸国に与えた衝撃とそこから生まれた対露警戒感が強いものだったということになるのでしょう。「ウクライナに対して行なったようにいつ西に向かって攻め込んでくるか分からない、あるいはガスを全部止めて欧州を干上がらせることだってやりかねない」……一度そう思い込んだら、それはなかなか消えそうにもありません。

ＥＵは、これ以上ロシアへのガスの依存度が高まらないよう、市場での競争者を増やそうと必死です。パイプラインを通じたガスの輸入では、新たにアゼルバイジャンからの輸入がトルコなどを経由してギリシャやイタリア向けに二〇二〇年から開始されます。そして、ＬＮＧの輸入では米国が新たな売り手として登場してきました。

欧州市場がガスプロムにとって最重要の市場であることは、おそらくこれからかなり長い間変わらないでしょう。しかし、この欧州市場も別の大きな問題を抱えています。それはガス市場として将来への発展性を考えた場合、世界の他の新興国、特にアジアに比べれば経済成長の伸びが低い水準に止まってガス需要も今後急速に伸びていくという予想ができないという点です。長期的な展望ではこのまま欧州の衰退と心中することになるのか、というやや深刻な疑問がガスプロムの側にも出てくるわけです。ならば、欧州以外への輸出も開拓していかねばなりません。そこに、アジア太平洋地域向けの輸出の課題が現れます。

5　アジア・太平洋地域への輸出

ロシアの東進政策

二〇〇三年にプーチン大統領は、ガスプロムに東シベリア・極東でのガス関連諸事業の推進役を命じました。アジア・太平洋地域に向けたガス輸出の検討の始まりです。そこへ至る元々の発想は、有り体に言えば対中脅威感から出発した安全保障面からの東シベリア・極東の地域開発だったようです。大統領就任直後の二〇〇〇年八月に当時のG8（沖縄サミット）参加の道すがら自国の極東に立ち寄り、その際にプーチンは、「今の状態をこのまま放置すれば極東は中韓日の世界になってしまう」と危機感を率直に吐露しています。しかし、ことが国家の安全保障に関わる話でも経済開発という図式になるなら、ではどんな経済を極東に持ってくるのか、となります。二〇〇〇年代初期のまだ苦しい財政の中では政府に極東への支出を拡大できる余裕はなく、そうなると結局は使える手駒はエネルギー産業しかないということになります。プーチンにとりあえずできることといえば、その時点ですでに構想が実現に向かって進み始めていた、国営・トランスネフチ（原油輸送パイプラインの建設・操業を担当）のＥＳＰＯ（東シベリア～太平洋原油パイプライン）建設計画に後乗りし、他方で経営陣を一新したガスプロムに上述の役目を与えることでした。

この東シベリア・極東地域の開発は今日に至るまで、プーチンの基本政策の一つとして続けられています。正式にそのような呼び方は存在しませんが、これを本書では「東進政策」としておきます。東進政策は安全保障の観点からの地域開発構想に始まり、東方への資源輸出を柱として進められ、二〇一四年のウクライナ問題で欧州との対立が深刻化することで促進されます。その中で、ガスの分野では世界最大のアジア市場にどう食い込むかという課題も生まれました。ガスについて述べる前に、経済政策上での東進政策の問題について少し触れておきます。

プーチン政権下での経済政策が、基本的に市場経済主義者によって担われていることはすでに書きました。しかし、このことは国内の立ち後れた地域の開発という話になると、理論的な内部矛盾も引き起こします。地域開発を政府の産業振興策として捉えるなら、市場経済主義の信奉者は政府の役割について様々な制限を要求します。補助金などは最も強い批判の対象になります。競争力が劣る企業や地域は自力ではい上がるのが原則で、政府が面倒を見ていたのではいつまでたっても脆弱なままで残ってしまう、という懸念があるからです。突き詰めれば、はい上がれなかったら、その企業の経営者や地方の行政官を株主なり政府なりがすげ替えてやり直させ、それで駄目なら事業そのものに経済性がないのだから捨て置くしかないというのが市場原理主義です。

これには当然反発が起ります。非経済的であろうと地域にいる住民を放置して良いのか、という反論が出ます。また、特定の地域の経済水準が低いのにはそれなりの理由があるはずで、政府の役目はそうした負の要因を軽減したり取り除いたりして資本誘致を加速させることにあるのではないか、という議論も出てきます。市場経済派が立地を経済の与件の一つと見るのに対し、反対派は、人が住む以上まずその立地の現実ありきから話を始めるべき、と論じている訳です。

こうした議論の妥協点として現在進められているのが、補助金ではなく税の軽減策を柱とした先進特区（経済特区の一形態）や自由港の設定です。基本は飽くまでビジネス環境改善・緩和による資本の誘致策です。極東向けに長期にわたる多額の投資を政府は想定していますが、その中で連邦政府の資金はインフラ関係でも実質的に必要投資額の三割程度に抑えられているようです。あとは国営系企業や民間企業、それに外貨の投資に期待を懸けることになります。ロシアがことあるごとに日本や中国、韓国に極東への投資を呼びかけるのもこれが理由といえるでしょう。従って、プーチンの今の極東に対するやり方は、概して開発独裁とまで呼べるものではないようです。

ただし、北極海沿岸のプロジェクトでは、民間企業の特定の生産案件に対して、インフラ関連で政府がかなり集中的に投資を行なっています。人がほとんど住んでいない極寒の地ということで、飽くまで例外措置として政府は通すのでしょうが、同じことをなぜ極東では駄目なのか、という不満や政府への援助要求が今後出て来ないとも限りません。

中国向けガスの輸出

東シベリア・極東をなんとかせよとプーチンから命じられたガスプロムですが、大親分の言いつけとはいえ、これは同社にとって厄介な課題でした。同社は東シベリアや極東での事業知見が皆無に等しかったからです。ガスプロムの国内事業は旧ガス工業省から引き継いだ地理的範囲に限られていました。その範囲は国内基幹ガス・パイプラインが敷設されている地域で、東端は西シベリアまででした。東シベリアや極東は含まれていません。ソ連時代でもサハリンで石油やガスが生産されていましたが、これは全て旧石油工業省の管轄で、ソ連崩壊後にこの事業を引き継いだのはガスプロムではなく石油企業のロスネフチでした。

海図なき状況に放り込まれたガスプロムは、一方で当時すでに話が進んでいた外資主導の東ベリアでのガス田（コヴィクタ）開発と中国への輸出計画にストップをかけます。時間を懸けたものの、二〇一一年までに何とかそのガス田の開発権を買い戻しました。しかし、新たなガス田開発・輸送パイプライン敷設と、そこからの国内供給・輸出の青写真を未経験の地域で描く作業は難航します。検討対象の東シベリア・極東は面積でロシアの六割以上を占め、オーストラリア大陸より大きな地域です。その開発と抱き合わせで物事を考えねばならないとなれば、事実上一種の国造りと同じです。あまりに広範囲な構想が相手ですから、方針策定にまとまりが付かなくなったのも当然だったのかもしれません。何度も案の練り直しを迫られ、二〇〇七年にようやくエネルギー省の省令の形でガス全般の開発と輸出にわたる「東方プログラム」を出したものの、内容はまだ生煮えの状態で、その後も骨組みの部分での修正やそのまた修正が続きます。

二〇一二年になってもガスプロム内部では諸案乱立の状態で、その時までに実現したプロジェクトと言えば、外資百パーセントだったサハリン2への参入（持分50パーセントを獲得）と、サハリンからヴラジヴォストークまでの約二千キロメートルのガス・パイプライン敷設だけでした。その間にESPOは全線運開となり、プーチンが奔走した結果、二〇一二年にはウラジヴォストークでのAPEC首脳会議開催とそのための諸インフラへの国家投資が実現しています。

ガスプロムの動きがあまりに緩慢に見えたからか、最後は業を煮やしたプーチンが一喝したようです。慌てたガスプロムは、東シベリアのガスは中国へ、サハリンのガスはLNGあるいはパイプラインで中国その他へという案を最終決定とします。ガスプロムがこの主目標で成果らしきものを挙げたのは、最初の命令を受けてから十一年も経た後の二〇一四年で、ようやく東シベリアからの対中ガス輸出とそのためのパイプライン建設が中露間で合意されました。

これを受けて、東シベリアから年間３８０億立法メートル輸送可能のパイプライン（「シベリアの力1」と命名されました）が建設され、二〇一九年十二月にガスの輸送が開始される予定です。ガス源はチャヤンダと将来的にはコヴィクタも加わり、両ガス田からの供給量は二〇二五年で総計五百億立方メートルとなる見込みです。また、西シベリアからの中国向けガス供給（「シベリアの力2」、年間３００億立法メートル）についても両国間で協議が延々と続いており、サハリンからの中国東北地方向けの年80～１２０億立方

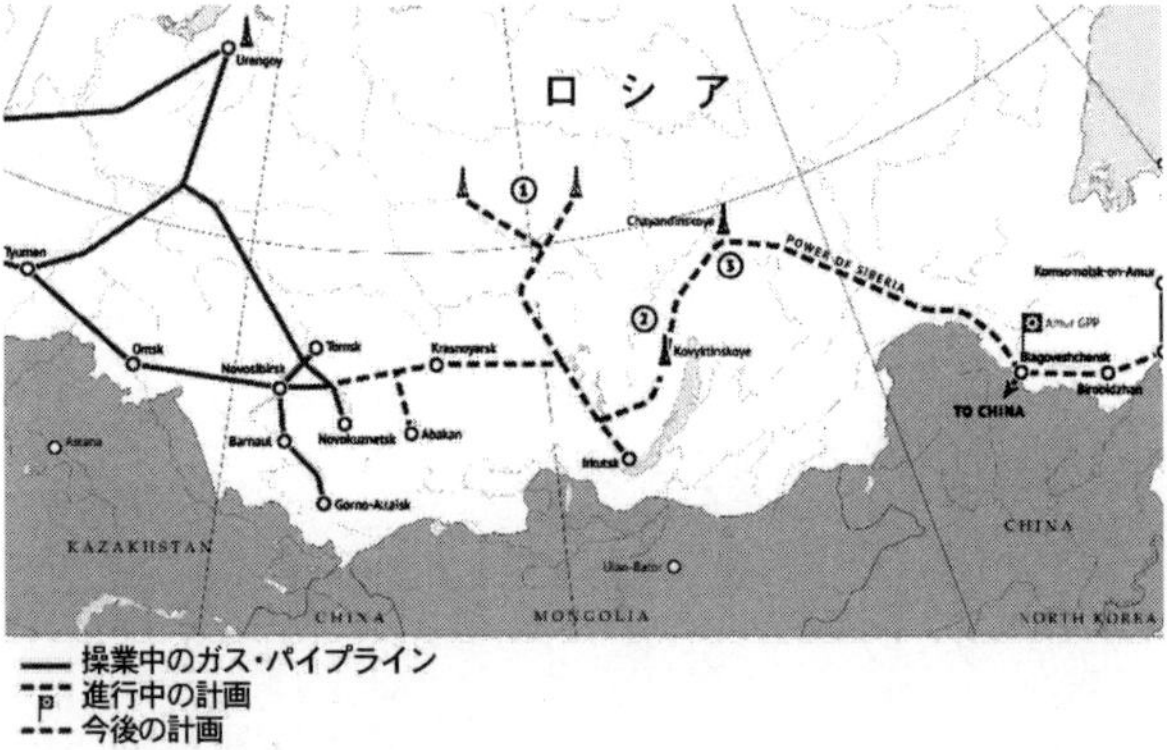

図11 ガスプロムの東方パイプライン
http://www.gazprom.com/projects/power-of-siberia/

メートルの規模の話もあります。

勤労奉仕から新市場進出へ

ガスプロムの極東進出は、始めは苦労も多く気が進まない話だったのでしょう。しかし、その後の中国経済の急速な発展と、特に二〇一四年のウクライナ問題発生から、ロシアの東進政策はプーチンが目指した国土開発の域を超えて、ロシアがそう動かざるを得ないものへと性格を変えてきています。当初の対中警戒感から始まった東進政策が、その中国の経済と市場を目指すようになるとは何とも皮肉な話です。

ガスプロムにとっても、中国を始めとするアジア諸国のガスの需要増大はもはや無視することができない要因になってきました。それはプーチンの最初の意図とは別の経済的な動機と解せます。これからの世界のガス市場では先ずは中国、そして次にインドといったアジア諸国が需要の牽引役になります。ロシアがガス大国を自任するなら、アジア市場に無関心ではいられなくなります。ならば、新規市場開拓ということになり、中国に対しては陸続きですのでパイプラインで進めることが可能です。朝鮮半島への供給も陸路で何とかなるでしょう。その結果、東進が今後の生産と輸出の拡大をもたらす鍵と捉えられるようにまでなりました。ロシアのエネルギー政策の項で紹介した「二〇三五年までのロシア連邦のエネルギー戦略」草案では、二〇三五年でのガスのアジア太平洋地域への輸出は二〇一五年実績比で五～九倍（LNG生産能力は三～六倍）と予想されています。

中国の国内ガス需要量は二〇一八年で2830億立方メートルとなりました。それまでのわずか二年間で日本の総需要の六割に当たる量の消費が増えています。今後の需要予測について中国政府の公式文書から計算すると、二〇二〇年で2600～3100億立方メートル、二〇三〇年で最大で5860億立方メートルあたりと想定されており、IEAもこれと似たような数値を弾いています。国産ガスの生産が期待したほどには伸びていないことから、40パーセントを超えたガスの輸入依存度は今後も高まるものと見られています。

中国のガスの需要・輸入が増えるとして、中国はロシアからどれだけガスを輸入することになるのか、ですが、まずはロシアがどれだけ供給できるかが議論の上限値になります。現在ある対中パイプライン計画案件全ての最大輸送量をそのまま合算する年八百億立方メートルを超えます。この他に、ＬＮＧでどれだけ積み増せるかはまだはっきりした数値が弾き出せませんが、双方合わせて千億立方メートル強あたりが供給可能の最大値ではないでしょうか。

二〇一四年に中国が東シベリアからの輸入を決断したのは、やはり海上輸送に依存せずに済むユーラシア大陸内での調達という利点を考慮したからと思われます。それも考慮に入れて、中国がロシアからのガスを最大限（その場合は、輸入ガスの三分の一前後をロシアに依存、と予想されます）に広げるかどうかは、どれだけ今後のアジア市場でＬＮＧの供給が増えて価格が下がるか、そしてその調達の安全性が中国にとって確保できるか否かに影響されるでしょう。

問題もあります。「シベリアの力１」でのガス供給開始まであとわずかという現在でも、中露間でガスの価格が決まったとの報道を目にしません。価格が決まっていなくてもガスの輸出を開始してしまう（さすがに暫定価格は取り決めるでしょうが）こともあり得るかもしれません。欧州向けの項でも見たように、ガスの価格問題はそれ自体が厄介な話で、ましてやその指標がＬＮＧしかないアジア市場で、パイプライン・ガスも含めてこれからの価格体系をどう決めるかとなれば、簡単に話がつくはずもありません。過去に両国トップ同士の複数の会談でもまとまらなかったほどですから、いつこれにどう終止符を打てるのか、です。最終的には、ロシアの欧州向け価格とアジア市場での長期契約・スポット取引の価格水準、それに原油の国際価格やアジア市場での石油製品価格などを加味したかなり複雑な価格算定式で妥協することになるのではないでしょうか。

この価格問題はガスプロムの東方進出における採算を大きく左右するという点からも重要です。ガス田開発に始まる「シベリアの力1」での総投資コストは560億ドルに上るとされます。一定期間でこの元を取り返すだけの販売価格を設定できるかが問われるわけです。さらに、「シベリアの力1」での輸送距離は上海近辺を最も遠い需要地と考えれば三千四百キロメートルにも及びます。「シベリアの力2」では更にこの輸送距離は延びます。ガスの輸送コストも馬鹿にはならない額になるでしょう。そのすべてを最終的に中国の需要家が負担することになるのかは現状では不透明です。もし、そうはならずにガスプロムの採算が悪化するといった結果になれば、ロシア政府が財務面でガスプロムへの全面支援策などを講じることになるのかもしれません。しかし、それでガスプロムは救われても、ロシア全体にとって東方へガスを輸出することに何の意味があるのかが問われることになります。

価格だけではなく、アジア市場ではこれから様々な変動要因が登場します。ガスプロムにとって当たり前の前提だった長期契約路線も、今後中国やアジア諸国がそのまま受け入れてくれるという保証はありません。そこにガスプロムが適切に対応できるかどうか、が今後の注目点になります。

6　ＬＮＧ分野への進出

ガスプロムとＬＮＧ

これまでの世界のＬＮＧ輸出量は過去二十年弱の間に三倍の伸びを示しています。この間でガスの輸出入全体に占めるＬＮＧの割合も、二〇〇〇年の27パーセントから二〇一八年の46パーセントへと増加しました。現在の趨勢が続けば、転売分を除いても将来はこれが50パーセントを超えるとの予想も出ています。

最近のＬＮＧ取引拡大の流れに拍車を掛けたのが、二〇一一年の不幸極まりない東日本大震災です。この震災で一旦は日本の原発が全て止まり、これを補うために日本のＬＮＧ需要が急増するだろうという予測から、豪州での諸ＬＮＧ計画が一斉に実現に向って走り出しました。実際に日本のＬＮＧ輸入量は、二〇一〇年の７１００万トンから二〇一三年の８８００万トンへと大きく伸びました。

その後、原発再稼働などで日本の輸入が頭打ちになった頃に、今度は中国のガス需要拡大のテンポが高まり、二〇一八年には中国のガス総輸入量が日本を追い抜いて世界第一位になります。中国も世界第六位の産ガス国ですが、自国産のガスだけでは伸長する国内需要をまかないきれずに輸入が増大しています。二〇一六年にはＬＮＧの輸入量がパイプライン・ガスの輸入量を上回るようになり、二〇一八年では総輸入量１２１３億立方メートルの61パーセントをＬＮＧが占めるに至っています。

ＬＮＧの供給面では、豪州に続いて、二〇〇八年のシェールガス革命を契機とした米国でのＬＮＧ輸出計画が次々に持ち上がりました。二〇一六年から実際にそのＬＮＧの輸出が開始され、二〇一四年にはゼロだった米国のＬＮＧ輸出は、二〇一八年に２２７４万トンとなり、二〇二〇年で輸出能力が７０００万トン近くになるものと予想されています。構想段階からわずか十年余で世界第３位のＬＮＧ輸出国にのし上がってくるのですから、やはり米国は大した国だと言わざるを得ません。

こうした世界の動きに対して、ＬＮＧの分野への進出ではガスプロムは年間３００万トンを越えるトレーディング部門を育て上げました。しかし、生産では二〇〇六年にサハリン２への参加を果たして以来、一件も新たなプロジェクトを始動できずにいます。プーチンから与えられた課題であるＬＮＧの輸出拡大という方向に、ガスプロムはあまり熱心ではありませんでした。このあたりが、新たな技術や次元への挑戦する力が欠ける国営企業の限界でしょう。米国との大きな差を見る気がします。

現在ロシアで稼働中及び計画段階のＬＮＧ生産プロジェクトでまだ最終投資決定（ＦＩＤ）に至ったものはありません。ガスプロムが関わるものとしては、ヴラジヴォストークＬＮＧとバルティックＬＮＧの二件があります。前者は極東での船舶燃料としてＬＮＧを生産する案とも報じられましたが、まだその具体的な中身の詳細は公表されていません。後者は外資（ロイヤルダッチシェル）との合弁を考えていたものの、ＬＮＧだけではなくガス化学も一緒にした一つの大型プロジェクトになってしまい、これを嫌って外資は撤退しました。計画段階で頓挫した他のガスプロムのＬＮＧ案件もあります。どうもガスプロムが関わる新たな計画はすんなりとはいきません。

これまでの経緯を見ていくと、プーチンはかなり早い段階からＬＮＧの重要性に気付いていたものと思います。しかし、社長のミレルはかつて「ＬＮＧがガス取引の主役となることなどあり得ない」と公言し、また米国のシェールガス革命についても、長い間「所詮はハリウッド映画の作り話のレベル」などと言い続けていました。ロシアの高官の中で初めて公の場でシェールガス革命の意味合いの大きさに触れたのは、筆者の知る限りプーチン大統領その人です。

二〇一七年十二月に、プーチンは政府の関係諸機関に対してＬＮＧ生産発展のための指令を出しました。ＬＮＧの生産・輸出をロシアの戦略として位置づけ、これに必要とされるＬＮＧ生産技術とそれに必要な機器の国産化などの施策を命じるものです。これは、Ｌ

ＮＧがその輸出販売活動も含めてロシアの国策レベルにまで上がって来たことを意味します。そして、その内容は明らかに北極海沿岸でのＬＮＧ生産構想と結び付いています。大きく見れば北極圏政策と東進政策とのドッキングであり、そこでの主役はガスプロムではなくノヴァテックになります。

ノヴァテックの北極海地域でのＬＮＧ

動きが緩慢なガスプロムをプーチンはもはや一喝しませんでした。実際にそれをこの目で見たわけではありませんが、多分そうなのでしょう。未開地を国策として開発するという方針の下で、極東に次いで北極圏が極東とはまた異なった狙いで対象となり、ここでのガス生産とＬＮＧの輸出計画をガスプロムではなく、ノヴァテックというロシアの企業に委ねます。

ノヴァテックは旧ソ連のパイプライン敷設事業を皮切りに、一九九〇年代末あたりからガスの生産分野にも切り込んできました。一九九〇年代にはガスを生産する地域の地方政府と関係を構築した新たな企業が、その分野に乗り出す例もいくつか見られました。ノヴァテックもその一社で、巨人ガスプロムに対抗するガス生産企業と見立てられて、米国の石油産業史に登場した「独立系」という、スタンダード・オイルとの競争に挑んだ他の石油生産企業になぞらえた呼称が与えられます。二〇〇〇年代前半にガスプロムが国内での独占を強めようとする動きの中で、他の独立系企業はガスプロムや石油企業に吸収されていきましたが、ノヴァテックだけは生き残っています。ガスプロムはノヴァテックの株式の10パーセント弱を保有していますが、同社がノヴァテックの経営に大きな影響を与えている気配は見えません。二〇一八年の生産実績で見ると、ガスではガスプロムの14パーセント、石油・コンデンセートでは同じく18パーセントの規模です。

ノヴァテックも、ヤマールLNGのような大型プロジェクトを最初から華々しく打ち上げていたわけではありません。LNG生産も含めていくつか計画はあったようですが、二〇〇〇年代前半まではなかなか実現に結び付きませんでした。しかし、極北のヤマール半島やギダン半島でのガスの開発権を持っていたことから、北極海開発を考えていたプーチンの目に止まったようです。二〇〇七、八年頃からヤマール半島でのLNG生産構想が動き出し、二〇〇九年にプーチン大統領臨席の下で外資幹部を呼び集め、案件の説明会が行われました。その後は実施に向けてのノヴァテック社長ミヘルソンの切り盛りが光ります。ともかく、社長決断が速いのです。この点で、ソ連的な官僚主義組織から抜け出せていないガスプロムとは大きく異なります。プーチンもその経営手腕に期待を懸けたのかも知れません。

期待に応えてノヴァテックはヤマールLNG（第一～第三系列／年産1650万トン）を構想段階からほぼ十年で生産開始に持ち込みました。プラントの建設面でかなり難易度が高いプロジェクトだったにもかかわらず、工期の前倒しまで達成した上で、です。ロシアの中でも遅れを予想する向きがほとんどだっただけに、予定を早めた生産開始は快挙と受け止められて大いに賞賛されました。これまでの国営系企業では考えられない動きです。ノヴァテックのような企業があと五～六社ロシアにあったなら、ロシア経済も随分と変わった形になっていたのでは、と思わされます。

ただ、ノヴァテックの株式の二割強を、プーチンの盟友と言われるチムチェンコの企業が保有しています。その点で、プーチンとその取り巻きによる利権の可能性を示唆する論は絶えないようで、それも理由となってか、チムチェンコは米国の対露制裁での対象に指定されています。これは留意しておかなければならないところでしょう。

ノヴァテックは将来的に北極海沿岸でのＬＮＧ生産を1億トン以上に拡大するとの壮大な計画を持っています。1億トンで約１３６０億立方メートルですから、ガスプロムの現在の輸出量の半分を超える規模になります。将来は世界のＬＮＧ市場の三割を占めてみせるという勇ましい声も響きます。もしこれがプーチンの意図する国内企業間の分業体制の結果ということならば、もはやガスプロムはオールマイティでもなければ、そうである必要もないというのが今のプーチンの判断なのではないでしょうか。ガスプロムをロシア経済の旗艦にというプーチンの考えは二〇〇八年頃を境に変わったのかもしれません。石油分野で国営系のロスネフチが他社を吸収することで存在感を増し、その規模でガスプロムと並び立つ企業になっていくのもこの前後の流れです。

ガスプロムにも言い分があります。パイプライン・ガスとＬＮＧとを比べると、最大口径の鋼管を使用したパイプラインでは年間３５０億立方メートル以上の輸送が可能になりますが、ＬＮＧでは世界最大級の液化規模でもそのプラント一基で生産できるのは８００

万トン弱、つまり110億立方メートル程度で、パイプラインなら一本でその三基分を楽に運べるということになります。また、現在ノヴァテックが計画している北極圏でのLNG生産計画が全部実現したとしても、それがもし約1360億立方メートルなら、同じ北極圏でガスプロムが開発し、パイプラインで欧州と繋がるボヴァネンコヴォ・ガス田一つの予定生産量（年1150億立方メートル）でそれに近い販売規模の達成が可能となります。こうしたことから、ガスプロムの幹部が今でもパイプライン・ガス供給の優越性を力説し、同時にそれに安住しているのも全く分からない話ではありません。

中国の対露進出

ヤマールLNGでの重要点として中国の全面的な参画があげられます。このプロジェクトの総投資金額270億ドルの過半が、出資・融資の双方で中国によって賄われています。自国のLNG輸入需要が増加する見通しや、北極海への関心の高まりから半ば政治的に踏み込んだ結果と考えられます。その見返りに、中国はロシア内で初めてガスの上流部門で権益（持分）を取得することができました。これまでロシア内で油田での権益はいくつか獲得しています。しかし、ガス田に関してはガスプロムが首を縦には振って来ませんでした。それが同社の経営判断なのか、あるいはプーチンにまで行き着く政治判断なのかはわかりません。しかし、ノヴァテックが自社保有ガス田の持分の半分を中国などの外資に渡すことは、今のロシアの法律による規制などから考えるとプーチンの承認なくしてはできなかったでしょう。ロシアにとって西側の対露経済制裁が続く限りは、中国のＬＮＧ市場に参入することの重要性に加えて、ＬＮＧ生産設備建設への資金や資器材の調達で中国にある程度は依存することもやむを得ない、と考えていることからの承認と思われます。

二〇一九年にノヴァテックは次の自社ＬＮＧ案件である「アルクチックＬＮＧ２」での共同出資者選択を完了しました。その結果、この案件にも中国勢が20パーセント参画することになりました。これは中国としてかなり思い切った判断だったと思います。ＬＮＧ生産での心臓部に当たる熱交換器は、生産能力が大型のものになると供給できるのは世界でも米国の一社だけで、ロシアも中国も生産技術を持っていません。米国の対露制裁が続く中では、米国からの生産技術導入は難しくなり（ヤマールＬＮＧの場合は時間的にぎりぎりセーフでした)、ノヴァテックは「アルクチックLNG2」での生産技術を欧州企業との協力に求め、必要機器を可能な限りロシア内で生産する方向を目指しています。しかし、採用を予定する技術はまだ生産現場での応用実績に乏しく、信頼度には未知の部分も残されています。この問題のみならず、ヤマールLNGと同じように中国が融資面でも前面に出れば、米中関係が不安定な時だけに対露制裁を理由に米国からどのような弾が飛んでくるか分からないという懸念もあります。こうしたことから、関心はあっても今すぐ中国が次の北極海案件に大々的に乗り出すことはないのではないか、と筆者は予想していました。しかし、これは見事にはずれました。「アルクチックLNG2」に不安要素があっても、他の供給源からのLNG調達には米国の出方次第でもっと不安があるというのが中国側の最終判断だったのでしょうか。

ノヴァテックとガスプロム

ノヴァテックが世界のLNG市場に参戦すれば、ガスプロムが従来欧州向けのパイプライン・ガスで経験してきた様々な実務的知識だけでは対応できない国際ビジネスの動きに向かい合わねばなりません。それはロシアのガス・ビジネスの態様が大きく西側のそれに近付く可能性も示唆しています。実際にノヴァテックは「アルクチックLNG2」では必ずしも長期販売契約方式に固執しないとも述べています。それはアジアの顧客に対してだけではなく、欧州のLNG需要家に対してもそうなると予想されます。

欧州市場向けでは、既にパイプライン・ガスを販売しているガスプロムとノヴァテックのLNGとが競合することもあり得ます。このことをすでに警戒しているガスプロムは、ノヴァテックの欧州向けLNG販売はロシア全体のガスの輸出にとって問題あり、と主張しています。

ノヴァテックのLNGを気にする前に、ガスプロムはカタールや米国からの欧州向けLNGとまずは渡り合わねばなりません。過去数年の間にガスプロムは、LNGに対して競争力のある価格で欧州市場でのシェアの維持と拡大を狙う戦術に向かったようです。欧州向けでガスプロムがどこまで値下げ競争に耐えられるかは、正確なところは分かっていませんが、140～150ドル（千立法メートル当り）までは可能ではないかとの専門家の意

ガスの計量単位

日本やロシアでは、ガスの量を示す場合にm^3のようにメートル法を使っています。しかし、最大の産ガス国である米国はご存じの通りメートル法を使いませんから、ガスの量はcf（立法フィート）で表示されます。この cf を使って生産量や消費量を表す場合には日量が用いられていますから、m^3表示の数値（大体が年産）との比較を行うには年間の数値へ都度換算しなければなりません。

ガスの売買を行う段になると1m^3あるいは1cfで幾らと決めて販売するなら、それがどれだけの熱量に相当するのか（ガスの商品価値です）も規定して置かねばなりません。これはガスに関する統計値を見る場合にも問題になってきます。本書ではロシアの統計数値に加えて、世界的かつ時系列的な数値が揃っている英国石油（British Petroleum）の統計も使用しますが、この統計に従うと2018年のロシアのガス生産量は6695億m^3となります。しかし、ロシア・エネルギー省の統計数値では7254億m^3とされ、これらの２つの数値の間にはかなりの差が出ます。この理由は、ロシアが販売するガスの熱量が西側で取引されるガスに比べておよそ１割ほど低いことにあります。そのため、比較の際に他国との同等の評価が可能になるよう英国石油がロシアの統計に必要な修正を加えています。

LNG（液化天然ガス）の世界では、その生産量は量ではなく重量のトンが使われ、その輸送船の積載能力は、液化された状態でのLNGの体積（m^3）で示されます。さらに販売使われる熱量単位では、歴史的な経緯から、MMBtu（百万・英国熱量単位）が使われています。熱量を基準とした測り方は輸出入統計の世界にも取り込まれ、電力単位のkWh（キロワット・アワー）やJoule（J、ジュール）も使われます。

このように単位が入り乱れるのも、ガスが気体で掴み所がないせいなのでしょうか。筆者も、ガスに関する単位の以下のような換算表を常に手元に置いておかねば仕事になりません。

https://www.iea.org/statistics/resources/unitconverter/1ｍ?＝35.315cf
1MMBtu=1.055GJ=0.293MW=251,996KCal=0.0252toe
https://www.eia.gov/tools/faqs/faq.php?id=45&t=8
(assuming a heat content of natural gas of 1,037 Btu per cubic foot):
これらに従うなら、
1m^3＝35.32cf＝36.62MMBtu=38.63GJ=10.73MW=9,228,094Kcal
=0.923toe

見もあります。他方で、米国のLNGは米国内ガス価格が2ドル／百万Btu（百万Btuあたり75ドル）を下回らないと150ドル（千立法メートル当り）での競争は難しいようです。

一方、ノヴァテックの場合は、これまで社長のミヘルソンが公の場で語ってきたことが全て本当だとするならば、ガスの生産原価が驚くほど安く、そのため150ドルでも充分競争できることになります。この安さには生産面でロシア政府から税の大幅な減免措置を受けていることも大きく影響しています。これに輸出税も免除されるという利点が加わりますから、ガスプロムにとっては癪の種でしょう。

米国だけではなく自国の競合相手にも欧州市場でのシェアを奪われることは避けたいのが当面のガスプロムの企業方針のようにも見えます。しかし、欧州市場で価格競争を続ければ、これまでは何とか可能だった投資への原資捻出が今後どうなるのか不明になります。もしそこにノヴァテックが本格参入するなら、ビジネスの話ではあっても、どこかでプーチンが介入して両社の棲み分けの線を引かねばならないことになるのかもしれません。

7　今後を占う

ガスプロムの事業に大きな変化はない？

①欧州向け

プーチンが二〇二四年に大統領を退いた後も、ガスはロシアにとって経済・外交双方の面で大きな要素であり続けるでしょう。それは、エネルギー資源の中でのガスの地位が上がり、対欧州ではガスがまだロシアの売り物として十分使え、ガスプロムの収入源になり得るからです。従って、欧州市場でのガスのシェア確保はガスプロムの企業方針として維持されるものと思います。

欧州向けのパイプライン新設関連では、なにがしかの制限はついても稼働開始に漕ぎ着けるものと予測します。しかし、稼働の制限については、ＥＵの新指導部やドイツのメルケル首相の後継者がどのような対露政策を採るかに左右されます。ＥＵもドイツも、現在以上に反露色が濃くなるかもしれません。これが中和される可能性があるとすれば、ウクライナのゼレンスキー新政権が対露融和策に出た時でしょう。ロシアも内心はそれを強く期待しているはずです。

ノヴァテックやロスネフチのようなロシアの他の企業が、ガスプロムのパイプライン・ガス輸出独占体制を切り崩して、中長期的に欧州市場への輸出を行う可能性は皆無とまでは言えないものの、現状では見通せません。もしそれが実現するなら、ロシア勢同士がガスの叩き売り合戦にのめり込むことのないように、然るべく国が監視する形が作られるでしょう。

②アジア・太平洋地域向け

アジアに向けては、難しさはあっても今後の世界のガス市場をＬＮＧ取引とアジア市場が牽引していくことに間違いなく、放置できる市場ではありません。従って、欧州向けと並んでガスプロムはそちらにも突っ込んでいくしかないことになります。まずは中国向けの輸出拡大とそれを採算の取れる取引にする工夫が要求されます。

次に、中国のみならずアジア太平洋地域全域にガスを引っ提げて大きく進出するつもりならば、ＬＮＧは避けては通れなくなります。増え続けるＬＮＧ生産者が販売を目指して殺到してくる市場ですから、かなり厳しい競争にもなります。価格で他国や場合によってはノヴァテックのＬＮＧとも戦うためには生産原価と輸送コストの圧縮が必要で、それを考えれば海から遠く離れた内陸部ではなく、サハリンやオホーツク海で有望なガス田を発見・開発して行かねばならないでしょう。そのためには、洋上開発が得意な外資と組んでどれだけうまくやっていけるかも重要なポイントになります。失敗すればガスプロムにとって難しい局面がやってきます。米国の対露制裁攻勢はポスト・プーチンも睨んだ上で講じられているはずですから、制裁がプーチンの在任期間中に解除されることは恐らくないものと思われます。ガスプロムにとって外資と組むという選択は、この面からも大きく狭められるでしょう。そうなれば、東方では売り先を中国向けに集中するという、ビジネスの観点から見てもリスクが大きくなる道へ、という可能性が高まるだけです。

③新規ビジネス・非ガス分野

欧州・アジアといった既存路線の延長線上の話とは別に、どのような新たなビジネス戦略を持ち出せるのか、となると、海外での探鉱・開発・生産案件では国際政治面からの影響が避けられません。やはりここでも制裁の影は大きく、これをかいくぐってのビジネスとなるとかなり難易度は高くなります。できるとしても、中国、中東・アフリカ・南米の一部、それにインドといった相手と自前の資金で動ける範囲に限られ、制裁が及ぶ地域では早くても二〇二四年以降という話になるでしょう。

国内での経営の多角化では、ガスプロムのガス以外の主力ビジネスは現状では石油と電力になります。石油では子会社（ガスプロムが95パーセント以上保有）のガスプロムネフチが売上2兆4200億ルーブル（約4兆2700億円）、原油生産6300万トンの実績を持っていますが、海外のメジャーと比べればやや見劣りすることは否めません。ガスプロムがロシア国内で石油分野へさらに大きく乗り出すことは、簡単な話ではないと思います。ロシアにはすでに有力石油企業が数社存在し、中でも最大のロスネフチは二〇〇五年以来の他社吸収で生産・売上ともに拡大を遂げてきています。同社だけではなく他の大手石油企業も、完全とは言えないまでも皆経営に様々な工夫を凝らして市場の評価を得るよう努めています。それぞれの守備範囲がほぼ固まって来ているために、ガスプロムネフチが大型吸収合併を狙って打って出る余地は少ないでしょう。そうなると、石油分野での新規ビジネス拡大は、海外に乗り出すことでしか達成できないことになり、上述のような制約の中で動くことを強いられます。

販売価格を無闇に引き上げられない電力事業には、収益面で余り大きな期待は持てないように思えます。それ以外のビジネスでは、一九九〇年代に手を広げた金融でもメディアでも収益という面では概してビジネスとしてさほど成功を収めたとは言えません。連結対象の子会社だけで百社近くありますが、ガス、石油、電力以外で成長が期待できそうな企業は直ぐには目に付かないのが実感です。

こうして見てくると、ガスプロムも現状維持以上の発展を遂げることはそう簡単ではないように思えてきます。まずソ連時代の水準に戻すという目標があったときには、それに見合った成果を挙げましたが、一段落して新たな成長の種をどう蒔くかとなると、制約要因多々のようです。国内他社の力や勢いが侮れないものになり、他国から経済制裁が実施されていることは二〇〇八年以前には想定されていなかったことです。しかし、それ以前からすでに課題となっていたLNGで出遅れたなら、それは経営陣の判断がもたらした問題であり、ひいてはそれがプーチンのガスプロムへの姿勢を変えることにも繋がった可能性を示唆します。その変化がもしあったなら、ガスプロムの国内独占問題にもこれから影響を及ぼすことになるのかもしれません。

国内での独占問題

現状でのガスプロムの独占（国内輸送・貯蔵）をさらに認めていくべきかどうか、という議論は新しいものではなく、一九九〇年代からプーチン政権の第一期（二〇〇〇～二〇〇四年）にかけて続いていました。特に外からはEUが「エネルギー憲章」を持ち出して、ロシア国内のパイプライン開放を要求しました。この「憲章」はひとことで言えば、EUの企業がたとえば中央アジアでガスを生産したなら、欧州までの輸送のためにロシア内の基幹パイプラインを開放して自由に使わせろというものです。パイプラインを国際的な公共財に見立てるところは、「上下分離」と根本で同じ思想ということになります。EUはこの要求をロシアとのＷＴＯ加盟交渉の際の条件にも持ち出しました。この時には議論の末にプーチンはＥＵの主張を退けて、ガスプロムの独占体制を守り抜きます。

しかし、それから十年も経ていない間にノヴァテックや石油企業といったガスの生産分野での新興勢力（「独立系」）から、現状に対する不満が何度も表に出されるようになってきました。彼らのガスの生産量が増大の一途をたどってきているからで、反独占の動きが外からではなく、今度は中から出て来たわけです。

他の生産者の不満とは、煎じ詰めればガスプロムの輸出独占に向けられたもので、求めるところは輸出での自由化です。そして、それを実現するためにパイプラインの独占も緩和あるいは廃止せよということになります。恒常的に国内価格が欧州向け輸出価格を大幅に下回るなら、だれもがより高く買ってくれる需要先に向けて販売したくなるのは当然の話です。また現状では、自社のガスをガスプロムのパイプラインで輸送する際に徴収される輸送料金（タリフ）が高過ぎる、という輸送コストについての議論や、他の生産者がガスプロムに引き取ってもらうしか術がないガスに対して、同社が独占的立場を利用して不当に安く買い叩くという不満もあります。

しかし、ガスプロムはパイプライン・ガスの輸出独占を手放そうとはしません。同社の販売シェアが落ちて国内市場を失いつつあっても、ガスプロムに危機感のようなものはまるで感じられません。半ば意図的にそう仕向けているようにすら見えます。つまり、国内での低価格の供給は他社に任せ、自分はより採算の良い輸出に集中していくという意図を疑わせるものです。

今のところロシア政府には、近い将来にガスプロムの独占を解消するといった動きはまだ見られません。プーチンは二〇〇八年過ぎに基幹パイプライン網の独占解消に前向きとも受け取れる発言を行ったこともありましたが、その後はこの問題で積極的な指示を飛ばしているようにも見えません。輸出独占ではLNGという新分野で風穴が開きましたが、国内供給では市場の自由化という大きな問題に繋がるため、だれもが慎重になります。

国内基幹パイプライン網の独占解消は、米国やEUが行っている「上下分離」と同じ結果を招きます。ガスプロム所有のパイプライン網を本体から切り離して独立させ、パイプライン輸送を生業とする別企業を設立するという形が想定されます。ではそれに見合ったガスの競争販売をロシアという広大な国土の中で実現するにはどのような仕組みや制度が最適なのか、となれば、決定に数年はかかるでしょうし、その決定がどれだけ長続きするか、誰にも分かりません。自由化してガスの価格が本当に今よりさらに下がるのか、という点に大きな疑問符がつくからです。

　元々欧州に比べて低過ぎると批判されるロシアの国内価格水準ですから、人為的な部分を外してしまったならむしろ価格は上がってしまう可能性も出てきます。需要量が少ない遠隔地への供給で採算を優先したなら、ガスの価格も今より上がらざるを得ないでしょう。であるならば、一体何のための自由化なのか、となります。ガスプロムへの国内供給義務と規制価格での縛りは、同社の企業収益拡大の上で足枷になっていても、需要が少ない遠隔地への供給義務を撤廃するという政治判断をする勇気は、恐らく（少なくとも当面は）為政者にもありません。それがソ連時代のバラマキ行政と紙一重であり、市場経済から見れば経済・経営の両面で障害になっているとしても、です。同じ問題で国内ガス価格を引き上げるよう迫るＩＭＦに抵抗するウクライナ政府の立場も同様で、大きく見れば、これはグローバリゼーションがもたらした競争と、それが生み出す格差への反発という問題の縮図ということにもなります。

ロシア経済の展望について

最後にロシア経済に就いて多少触れます。12ページの図1で『エクスペルト』誌によるロシア企業上位十社の売上高推移を示した際には、2位以下の企業名には触れませんでしたが、その多くは石油企業です。他には、電力（二〇〇八年半ばまで存続した統一ロシア電力）、非鉄金属（ノリリスク・ニッケル、ルスアル）、鉄鋼（セヴェルスターリ）、自動車（アフトヴァズ）、といった企業が顔を出しています。二〇一一～二〇一七年の間で2～5位の企業は、順番が入れ替わってもルークオイル、ロスネフチの石油二社に加えて国営・ロシア鉄道と国営商業銀行・ズベルバンク（貯蓄銀行、売上の数値は掲載誌独自の手法で算出）の計四社が不動の常連になってきました。そして最近数年では、ズベルバンクと同じく国営商業銀行のVTB（対外貿易銀行）や小売業のマグニット・X5などが上位十傑に登場してきます。

石油・ガスがいまだに国の経済の主力産業であることや、プーチンの強い願いであるにもかかわらず製造業がなかなか四番バッターの地位に座れないこと、しかしそれでも最近は銀行や小売といったサービス部門でも大企業が現れてきたこと、などが分かります。売上高だけで経済の実相を断じることはできないものの、この企業番付はロシア経済の変化や今の性格の一面も表わしているようです。

製造業を見ると、売り上げ規模で資源産業に取って代わることは困難でも、鉄鋼業や化学工業といった中間製品生産ではそれなりの企業が生き残り、育ってきています。問題になるのは、その発展が先進国の象徴ともされる機械工業でしょう。『エクスペルト』誌のリストでは、百パーセント国営企業のために入手できるデータでは正確な比較が難しく、それが理由で番外扱いになっていますが、兵器産業のロステフや原子力工業のロスアトムが、売上規模からはそれぞれ番付の6位、11位に相当すると評価されています。このことは、今のロシアの機械輸出で競争力のある分野が、兵器と原子力発電所くらいしか見当たらないという事実も示しています。造船、民間航空機、自動車、各種産業機械といった方面では、政府が連発する奨励策にもかかわらず、経済発展の牽引役になるという夢は道遠し、の感ありです。

資源産業への過度の依存がロシアの製造業の発展を妨げている、との批判があります。

この批判で指摘されるのは、一つには資源輸出による貿易黒字累積で自国通貨が過大評価され、他の輸出を阻害する（いわゆるオランダ病）という問題です。もしそうなら、ガスプロムもその片棒を担いでいることになります。しかし、一九九八年と二〇一四年の二度にわたり通貨は暴落しました。エネルギー資源輸出で貿易収支は黒字を保った状態でも、です。ですから、為替相場より製造業の製品の品質（素材、加工、規格等）で、そもそも競争力があるのかという問題の方が大きいのではないでしょうか。自国通貨が切り下がっても機械類の大幅な入超の状態に変化はなく、自国の機械製品が海外に売れるようになった、という結果は見当たりません。

別の批判では、資源輸出で外貨が稼げるために製造品輸出での外貨獲得への必要性が薄らぐ、という国全体の一種の緊張感欠如という指摘があります。平たく言えば、資源の賦存度に安住してしまっているということです。機械工業の分野でも、政府の動きは企業改革や技術革新、コストダウン、そして輸出奨励に躍起になるというよりは、今では保護主義に傾いているように見えます。原油価格値上がりという時期がロシアに安心感と油断、あるいは外国に頼らずとも自分でできるという妙な、そして恐らく根拠薄弱な自信のようなものを与えてしまい、無理してまで急ぐ必要もあるまい、との気分に陥らせてしまったのかもしれません。こうした雰囲気が生まれると、マクロ経済政策の主体となる市場経済派にも、市場経済と産業政策の融合を目指すプーチンでも、どうすることもできなくなります。しかし、これでは競争力を生み出す流れに全くの逆行です。

中国や旧東欧諸国の例を見るならば、機械工業で遅れた国が他国に追い付くには外資と先進技術の導入が欠かせないことが明らかです。それを通じて自らの輸出競争力を徐々にでも磨いていくしかないのです。けれども、資源への安住に加えて二〇〇三年頃から生まれ始めた政治面での西側への不信感や、その後の金融危機やウクライナ問題、原油価格下落といった不利な外的条件も重なって、外資導入はなかなか活発化に向かないようです。

これらを見るにつけ、その全てがロシアの責任とは言えないものの、経済低迷の根底には、競争そのものやそれに対する感覚の欠如という問題が厳然と存在しているようにも思えます。何が何でも競争力を付けて、世界の市場で他国と伍していこうとの意欲が見えないのです。この問題解消には、それが叶うとしても長い年月が必要でしょう。

資源への安住は、ガスプロムが企業としての成長性・発展性を欠いていると市場から批判される点にも通じます。シェールガス革命やそれに続く世界のガス市場の変化（特にLNGの重要性）といった世の中の動きに対する経営陣の感度の鈍さがその表れの一つです。これまでのガスプロムの経営手法でガスでの対外ビジネスを続けるなら、世界のガス市場で受け身の姿勢のままとなるでしょう。同社が自ら意図するように進むことができるのか、という設問に対しては、自らの意図をまず持てるのか、という反問が出ます。従来のビジネスの延長線上だけではなく、企業として新たなことに挑むアイデアが浮かんで実行に移せるかどうかということで、この反問は、企業家精神を持っているのかという問いと同義です。

とはいえ、ガスプロムに企業家精神を期待することが、ロシアにとって幸福な選択なのかは、ロシアという国が経済面でどうあるべきなのかに始まって、最後はロシアの人々の幸せとは何かといういささか哲学的な問いにも繋がります。深追いすればその判断は真に難しいものにもなるでしょう。

あとがき

二〇〇〇年に始まったプーチンの治世が今年で丸二十年を経たことで、その総括についての批評がロシアでも様々な専門家によって書かれています。多くは、概ね成功、ただし問題もいくつか残した、という内容です。その中で経済に関しても、やはり二〇〇〇年代前半の構造改革の勢いが薄れてしまったという指摘がなされています。しかし、その構造改革なるものがグローバリゼーションの中での生き残りのために必要ということならば、グローバリゼーションそのものの功罪が問われている昨今、果たしてどこまで追うべき目標なのか、という疑問が常について回ります。その疑問と、いつまでも資源輸出国というレッテルに甘んじていて良いのかという不安との間を、これからのロシアの指導層も揺れ動き続けることになるのでしょう。その問題にロシアなりの回答を見出して踏ん切りを付け、経済を新たな姿に転じていくまでは、ガスプロムもその働きへの期待をこれまで同様に担って行かざるを得ないものと思われます。

ガスプロムと日本との関わりは旧ソ連時代からです。前身のガス工業省は日本企業の機械や鋼管の輸出先でした。ソ連崩壊後も二〇〇六年にガスプロムがサハリン２へ参入したことにより、日本はＬＮＧの輸入先となる関係が新たに創られてきています。しかし、その後は新案件の実現に乏しく、日本との関係が拡大したとは必ずしも言えない状況です。

資源輸入国の立場にある日本が、ガスプロムへの関心を全く失うということは今後ともないでしょうが、それは日本の「エネルギー基本計画」に述べられているように、「安全性」、「安定供給」、「経済効率性の向上」、「環境への適合」が満たされ続ければ、です。これを満たした上で、将来もしノヴァテックが世界のＬＮＧの雄になるのであれば、日本にとっても一番の関心は同社に移っていく可能性があります。とりわけ同社は北極海航路開拓という、日本にとっても様々な意味で重要な目標を追っていますから、話題には事欠きません。

先のことは読めないのが当たり前、と分かった上で、ガスプロム、ノヴァテックに次いでさらに第三、第四のガス・ＬＮＧの生産・販売企業がロシアに登場してくるなら、ロシアにとっても、また日露の経済関係でも大きな変化が生まれるのではないか、と密かに期待するものです。

本書が生まれるに当り、群像社の島田進矢さん、立教大学・蓮見雄教授には大変お世話になりました。末尾ながら改めて御礼を申し上げます。

二〇一九年八月

著者

酒井 明司（さかい さとし）
1973 年、一橋大学卒業。三菱商事株式会社勤務を経て現在上智大学大学院に就学。日本証券アナリスト協会認定アナリスト。
著書に『ガスプロム』、『資源大国ロシアの実像』、『ガスパイプラインとロシア』（いずれも東洋書店）など。

ユーラシア文庫14
国策企業《こくさくきぎょう》ガスプロムの行方《ゆくえ》
2019年12月21日　初版第１刷発行
著　者　酒井 明司
企画・編集　ユーラシア研究所
発行人　島田進矢
発行所　株式会社 群 像 社
神奈川県横浜市南区中里1-9-31 〒232-0063
電話／FAX 045-270-5889　郵便振替　00150-4-547777
ホームページ　http://gunzosha.com
Eメール info@ gunzosha.com
印刷・製本　モリモト印刷
カバーデザイン　寺尾眞紀

ISBN978-4-910100-03-6

「ユーラシア文庫」の刊行に寄せて

1989年1月、総合的なソ連研究を目的とした民間の研究所としてソビエト研究所が設立されました。当時、ソ連ではペレストロイカと呼ばれる改革が進行中で、日本でも日ソ関係の好転への期待を含め、その動向には大きな関心が寄せられました。しかし、ソ連の建て直しをめざしたペレストロイカは、その解体という結果をもたらすに至りました。

このような状況を受けて、1993年、ソビエト研究所はユーラシア研究所と改称しました。ユーラシア研究所は、主としてロシアをはじめ旧ソ連を構成していた諸国について、研究者の営みと市民とをつなぎながら、冷静でバランスのとれた認識を共有することを目的とした活動を行なっています。そのことこそが、この地域の人びととのあいだの相互理解と草の根の友好の土台をなすものと信じるからです。

このような志をもった研究所の活動の大きな柱のひとつが、2000年に刊行を開始した「ユーラシア・ブックレット」でした。政治・経済・社会・歴史から文化・芸術・スポーツなどにまで及ぶ幅広い分野にわたって、ユーラシア諸国についての信頼できる知識や情報をわかりやすく伝えることをモットーとした「ユーラシア・ブックレット」は、幸い多くの読者からの支持を受けながら、2015年に200号を迎えました。この間、新進の研究者や研究を職業とはしていない市民的書き手を発掘するという役割をもはたしてきました。

ユーラシア研究所は、ブックレットが200号に達したこの機会に、15年の歴史をひとまず閉じ、上記のような精神を受けつぎながら装いを新たにした「ユーラシア文庫」を刊行することにしました。この新シリーズが、ブックレットと同様、ユーラシア地域についての多面的で豊かな認識を日本社会に広める役割をはたすことができますよう、念じています。

ユーラシア研究所